住房和城乡建设部"十四五"规划教材
高等学校建筑学专业系列推荐教材

PRINCIPLES OF

城市人因工程学原理

张 利 主编

URBAN ERGONOMICS

中国建筑工业出版社

图书在版编目（CIP）数据

城市人因工程学原理 = PRINCIPLES OF URBAN
ERGONOMICS / 张利主编 . -- 北京：中国建筑工业出版
社，2025.7. --（住房和城乡建设部"十四五"规划教
材）（高等学校建筑学专业系列推荐教材）. -- ISBN
978-7-112-31129-3

Ⅰ. TU984

中国国家版本馆 CIP 数据核字第 2025C9N746 号

为了更好地支持相应课程的教学，我们向采用本书作为教材的教
师提供课件，有需要者可与出版社联系。

建工书院：https://edu.cabplink.com

邮箱：jckj@cabp.com.cn　电话：（010）58337285

扫码查看本书配套资源

责任编辑：柏铭泽　陈　桦
责任校对：张惠雯

住房和城乡建设部"十四五"规划教材
高等学校建筑学专业系列推荐教材
PRINCIPLES OF URBAN ERGONOMICS
城市人因工程学原理
张　利　主编
*
中国建筑工业出版社出版、发行(北京海淀三里河路9号)
各地新华书店、建筑书店经销
北京雅盈中佳图文设计公司制版
天津裕同印刷有限公司印刷
*
开本：787 毫米 ×1092 毫米　1/16　印张：$11\frac{1}{4}$　字数：206 千字
2025 年 7 月第一版　2025 年 7 月第一次印刷
定价：59.00 元（赠教师课件）
ISBN 978-7-112-31129-3
　　　　（44851）

—Foreword—

党和国家高度重视教材建设。2016 年，中办、国办印发了《关于加强和改进新形势下大中小学教材建设的意见》，提出要健全国家教材制度。2019 年 12 月，教育部牵头制定了《普通高等学校教材管理办法》和《职业院校教材管理办法》，旨在全面加强党的领导，切实提高教材建设的科学化水平，打造精品教材。住房和城乡建设部历来重视土建类学科专业教材建设，从"九五"开始组织部级规划教材立项工作，经过近 30 年的不断建设，规划教材提升了住房和城乡建设行业教材质量和认可度，出版了一系列精品教材，有效促进了行业部门引导专业教育，推动了行业高质量发展。

为进一步加强高等教育、职业教育住房和城乡建设领域学科专业教材建设工作，提高住房和城乡建设行业人才培养质量，2020 年 12 月，住房和城乡建设部办公厅印发《关于申报高等教育职业教育住房和城乡建设领域学科专业"十四五"规划教材的通知》（建办人函〔2020〕656 号），开展了住房和城乡建设部"十四五"规划教材选题的申报工作。经过专家评审和部人事司审核，512 项选题列入住房和城乡建设领域学科专业"十四五"规划教材（简称规划教材）。2021 年 9 月，住房和城乡建设部印发了《高等教育职业教育住房和城乡建设领域学科专业"十四五"规划教材选题的通知》（建人函〔2021〕36 号）。为做好"十四五"规划教材的编写、审核、出版等工作，《通知》要求：（1）规划教材的编著者应依据《住房和城乡建设领域学科专业"十四五"规划教材申请书》（简称《申请书》）中的立项目标、申报依据、工作安排及进度，按时编写出高质量的教材；（2）规划教材编著者所在单位应履行《申请书》中的学校保证计划实施的主要条件，支持编著者按计划完成书稿编写工作；（3）高等学校土建类专业课程教材与教学资源专家委员会、全国住房和城乡建设职业教育教学指导委员会、住房和城乡建设部中等职业教育专业指导委员会应做好规划教材的指导、协调和审稿等工作，保证编写质量；（4）规划教材出版单位应积极配合，做好编辑、出版、发行等工作;（5）规划教材封面和书脊应标注"住房和城乡建设部'十四五'规划教材"字样和统一标识；（6）规划教材应在"十四五"期间完成出版，逾期不能完成的，不再作为"住房和城乡建设领域学科专业'十四五'规划教材"。

　　住房和城乡建设领域学科专业"十四五"规划教材的特点，一是重点以修订教育部、住房和城乡建设部"十二五""十三五"规划教材为主；二是严格按照专业标准规范要求编写，体现新发展理念；三是系列教材具有明显特点，满足不同层次和类型的学校专业教学要求；四是配备了数字资源，适应现代化教学的要求。规划教材的出版凝聚了作者、主审及编辑的心血，得到了有关院校、出版单位的大力支持，教材建设管理过程有严格保障。希望广大院校及各专业师生在选用、使用过程中，对规划教材的编写、出版质量进行反馈，以促进规划教材建设质量不断提高。

住房和城乡建设部"十四五"规划教材办公室

2021 年 11 月

—Preface—

—前言—

教材编写背景

以人为本的新型城镇化战略向建筑学科的发展提出了新的要求。党的十八大以来,我国常住人口城镇化率由 2012 年的 53.10% 提高至 2023 年的 66.16%,城市数量增加 694 个,2023 年年末城镇常住人口已超过 9.33 亿人,城镇化水平和质量大幅提升。2023 年哥本哈根世界建筑师大会上,北京继 1999 年后再度赢得世界建筑师大会的举办权,新任国际建筑师协会主席库迪埃在祝贺之余表示,期待中国的新型城镇化为世界带来启发。在以人为本、稳速提质的要求下,宜居、韧性、智慧的城市生活空间营造问题,是建筑学研究的重中之重。

当下的建筑科学研究已明显呈现两种主要趋势:定量和交叉。两种趋势相辅相成,构成了今天建筑科学研究的主要基调。在定量方面,通过建构数字孪生模拟测试平台,以多维度、多模态数据分析取代以往仅能实现单一指标优化的模拟计算工具,以设计循证增强了问题调查、设计过程分析与研究结论的客观性和普适性。传统建筑研究的科学性有了可观提升。在交叉方面,在全球化、信息化的当代语境下,人们的日常生活方式因互联网、物联网、通用人工智能等技术的涌现发生剧变,建成环境不再只是物质空间本身,而是人们安居栖息的生活界面、也是生活空间"产品",其质量决定了人们的生活品质,过去的设计理论基础发生动摇,设计科学引领下的更新与变革成为必然。以问题驱动取代概念驱动,以技术创新取代名词创新,以循证推理取代文本阐释,与信息技术结合、立足于定量实证的建筑学科学研究范式成为大势所趋。

城市人因工程学应运而生,它针对建成生活空间的宜居性问题,将传统上依赖经验判断的设计对象转化为可通过科学实证进行优化的对象,结合虚拟现实与人因分析技术量化人的空间体验,模拟预测多种潜在解决方案,以做出最佳设计决策,从而显著提升设计对人的服务能力,提高生活空间品质和人民的生活满意度。

作为与信息技术、人因工程交叉的新兴领域,城市人因工程学的研究工作正处于勠力开拓、日新月异的阶段。作为本领域的首部教材,书中难免有不足之处，敬请各位读者批评斧正。

教学法

本书总体分为 3 个部分：理论、方法与应用。

第 1、2 章属理论部分，完整介绍了城市人因工程学的理论框架及其与设计科学的关系。

第 3–8 章属方法部分，系统介绍了在设计过程中运用人因分析的方法工具、技术路径。其中，第 3 章人因量谱、第 4 章人因测度介绍了方法和工具，第 5–8 章的识别任务、漫游任务、共享任务和体感任务介绍了如何从设计中提炼和定义科学问题的基本原理。

第 9–11 章属应用部分，详细解析了城市人因研究在具体设计应用层面如何开展。3 个章节分别以室内寻路问题、文旅目的地问题、社区活动场问题，完整分析了人因分析技术路径的应用过程。

第 12 章则服务于课程训练，提供了一种开展实验教学的参考方案，同时结合"城市人因工程学方法"教研团队在过去 3 年中的教学成果，展示了优秀的作业示例。

本书希望通过这一组织架构，从理论到应用，带领读者——无论是教师还是学生——由浅入深地接触城市人因工程学，理解城市人因工程学的方法和原理，以便快速地掌握并在设计工作中进行运用。

同时，本书还希望通过人因分析技术路径的建构，为同行的设计科学实证研究提供参考与思路，期待随着时间推移，建筑学科学化发展逐渐形成学界业界的新气象。

使用方法

本书主要作为"城市人因工程学方法"课程的教材使用，亦可兼作为相关从业人员的设计指南。主要面向的读者包括建筑、城乡规划、风景园林、室内设计、工业工程等专业的本硕博学生、教师及从业人员。因此，本书在每个章节开始，都通过简洁的教学参考要点给予读者本章教学与学习内容的整体印象；每个章节结束都设有课后思考题，给予读者回顾知识点、拓展阅读学习的参考。在本书的第 12 章，也为教师提供了课程训练题目参考及示例，服务于完整的教学与课外训练环节，以培育学生的专业志趣，提高学生的主观能动性。

致谢

本书是清华大学优秀通识课程"城市人因工程学方法"教研团队共同努力的成果。我们感谢庄惟敏院士，他对本书的评审意见已改入正文。

本书部分涵盖了主编张利教授所主持的"十四五"国家重点研发计划项目"公共建筑环境人因工程关键技术和产品"（2022YFC3801500）的科研成果，以及国家自然科学基金面上项目"人因分析辅助空间体验质量评估"（52278023）的科研成果，在此对参与课题的单位及团队一并表示感谢。

我们还要特别感谢中国建筑工业出版社的陈桦编审、柏铭泽编辑在编辑出版阶段的大力支持。

—Contents—

第 12 章　练习与示例 \ 151

第 1 章　绪论：城市人因工程学与设计科学

本章编写：张　利　庞凌波

教学参考要点

① 教学目的：回答"为什么需要设计科学"，以及"城市人因工程学与设计科学是何关系"的问题。

② 主要知识点：设计思维的特征，建成空间用户体验，设计科学的提出与发展，城市人因工程学作为一种设计科学的概念。

③ 内容串接逻辑：本章首先从设计思维的特征开始，引入用户体验的客观属性维度，检视用户体验设计中的科学成分，回顾历史上设计科学概念的提出和发展线索，进而提出作为一种设计科学的城市人因工程学。

④ 建议学生重点掌握内容：了解用户体验的客观属性，了解设计科学的定义、典型设计过程和构成要素。

1.1 背景

　　讨论城市人因工程学与设计科学的关系，首先要从讨论设计的概念开始。为了让这种讨论更清晰，在此有必要先预示"城市人因工程学"与"设计科学"的概念。这两个概念会在后面的章节中给予完整的定义。

　　设计科学是对人造产物的科学研究与创造，城市人因工程学则是从建成空间用户体验出发对建成空间的科学研究与创造。二者都与"设计"这一人类文明史上重要的创造性活动密切相关。

　　"设计"一词在日常生活中司空见惯，但关于它具体是何物、为何做、何以成并非所有人的常识。

　　一朵自然的花通常不被人们认为是"设计"，尽管类似"造物之母的伟大设计"（The Great Design of Mother Nature）的表达在文艺作品中屡见不鲜。而一个模拟自然花朵的彩色折纸作品则完全可以被接受为"设计"，因为它不仅表达了美的形态，更定义了可重复的物化这种美的过程（图 1-1）。

　　因而在这里，设计指对物质材料创造性的、有目的的计划和加工过程。设计永远不是仅仅指静态的人造产物，而更包含了这个人造产物被制造、加工和使用的过程。"过程"（Process）是使设计成立的最关键要素。

　　更明确地说，设计指按照一定的目标和要求，通过对资源的计划和组织，创造出具备某种功用的产品、系统或方案的过程。它既是一种创造性加工制造的范式，也可以是其直接的制造结果。这里包含了创（Creation）、造（Making）、产物（Object/System），它们共同构成了过程（Process）。

　　陌生性（Strangeness）是设计的一个必要属性。尽管从严格意义上讲，任何人造产物都存在事实上的设计成分，但在日常生活

图 1-1　自然花与折纸花对比
（图片来源：右图引自 NAVER 官方网站）

中，往往只有那些具有"新意"的人造产物，其"设计感"才会得到广泛的认可。例如，如图 1-2 所示的刀叉因形态过于常见，在今天已不被认为有"设计"的成分，尽管它在 20 世纪初"新艺术运动"时期才由比利时设计师亨利·凡·德·威尔德（Henry van de Velde）设计成型。而如图 1-3 所示的刀叉（勺）则突显了非常规的形式，其牺牲了便捷的功能，但以独特的形态为人们带来使用体验上的另一种愉悦，因而更易被认为是"设计"。

图 1-2　常见不锈钢刀叉
（图片来源：引自 Pennylvanian Convention Center. Culinary Services Guile[EB]. Culinary Services Guide, 2024-10-29.）

图 1-3　刀叉（勺）的非常规形式
（图片来源：右图引自 designrulz 官方网站，由 Kazuyo Komoda 设计）

设计的陌生性本质上来自人造产物的形式与其目的之间的关系。不论是在熟悉的目的即"使用功能"上附加以差异化的形式，还是将熟悉的形式联系到"意料之外的"功能，都会造就陌生性。20 世纪 30 年代，电气工程师哈利·贝克（Harry Beck）设计的伦敦地铁线路图将印刷集成电路的形式运用到地铁线路的信息呈现功能上，虽然牺牲了常规地图的准确距离与位置信息，但在不折损起止与换乘信息的基础上，造就了一种规划地铁出行路径的独特体验。这一设计最终成为世界各大都市效仿的标准地铁线路图范式。

由此看来，以独特的思维方式串接创、造、产物的设计过程，是营造陌生性、确立设计价值的必由之路。这种独特的思维方式就是设计思维方式。

1.2　设计思维

1.2.1　设计思维是基于不完整信息进行结果推演的思维方式

常见的带有创造性的推演大致有两种。一种过程是从相对完整的初始信息出发，基于演绎规律使用量化方法得到结果。这一过程是解决工程问题的常见过程。另一种过程是从相对不完整的初始信息出发，基于归纳规律，进行形式生成与目标试错，通过反复迭代得到结果。这一过程是解决设计问题的常见过程。也就是说，为了实现设计结果的产出，设计思维需要在自己的逻辑推演链条中不断为自己增加新的证据。

1.2.2 设计思维追求性能与体验的最佳折中

人造产物带给使用者的价值大致可以分为两种：一种是造物作为产品特殊功用本身的性能，另一种是使用者通过人造产物所获得的体验。例如，一辆汽车是一种人造产物，其油耗、加速、刹车、转弯半径等都属于性能，其转向器回馈、驾驶视野、座椅支撑、旋钮颗粒度等都属于体验。

在解决工程问题时，问题的定义往往来源于关键性能指标，问题的解决则来自"假说—数据—客观验证"的循环，从而逐步接近关键性能指标的最佳解方案。在解决设计问题时，问题的定义来自相对模糊的综合性目标（即多性能指标的互限性组合），问题的解决则依赖"概念—形式—数据—主客观验证"的循环，从而逐渐趋向于兼顾性能与体验的最佳折中方案。

1.2.3 设计过程的循环

在本教材中，设计过程指以下六个环节的循环（图1-4）：观察（Observe）、概念（Conceptualise）、形态生成（Form Synthesis）、建造实现（Build）、测试（Measure）、更新优化（Modify）。

其中，观察指设计师对实际生活中设计问题的描述和归纳；概念指设计师结合当前阶段所具备的信息，创造性地提出一种或多种解决方案；形态生成指设计师将提出的解决方案转化为以图纸或模型等为媒介的产品或系统的形态；建造实现指设计师在真实或虚拟环境中为测试解决方案效果进行的样品生产；测试指设计师通过定量或/和定性手段获取用户使用样品的反馈；更新优化指设计师基于用户反馈对既有解决方案提出更新优化方向，并假设这一优化能够使方案向最佳折中趋近。设计师将优化方向转译为对方案概念的调整，调整后的方案将重新进入形态生成—建造实现—测试—更新优化的循环迭代。

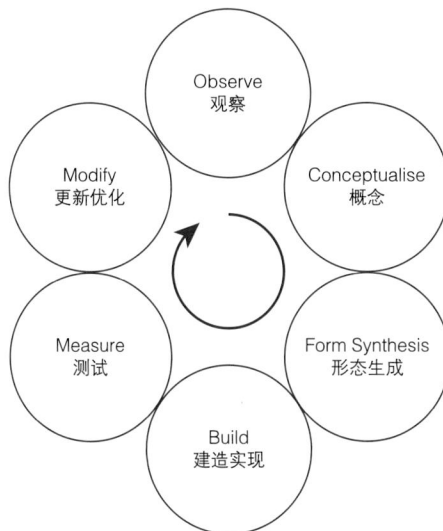

图1-4 设计过程循环

1.3　用户体验

用户体验（User Experience，简称 UX 或 UE），指使用者是如何与人造产物互动并获得体验的。它包括使用者对功用、便捷、效率等的感知。

用户体验是因人而异的，是主观的，但组成用户体验的属性本身是客观的。

设计创意对营造用户体验的贡献巨大。即使人造产物在功用上没有根本性的突破，但如果能在用户体验上带来全新的感知，其仍然会被社会接受为巨大的创新。英国现代音乐理论家、指挥家西蒙·拉特尔（Simon Rattle）形象地用放风筝来比喻体验与功用的关系：功用就是拿在手里的风筝线，体验就是飞翔在空中的风筝体，当线还在手中——也就是功用的实质不被违背时，风筝飞得越高——也就是体验越出乎预料，其创造性价值就越高。当然，当线轴脱离手的控制——也就是功用的实质被违背了，则再新奇的体验也不再具有意义。

图 1-5 中展示了放糖的小杯子与放咖啡的大杯子通过磁性连接子母一体的设计，从而提供了关于咖啡饮用过程的一种特殊体验。类似的，自 21 世纪初期担任奥迪设计总监的沃尔特·德席尔瓦（Walter de'Silva）开启了当下汽车设计的一种时尚，即以车前大灯的 LED 日间行驶灯带来标识品牌的个性特征。德席尔瓦和他的拥趸者称，这种设计虽然不带来驾驶本身的变化，但灯带在中远距离上对其他驾驶者和过往行人所营造的认知体验，实际上定义了各主流汽车品牌在社会和市场上的形象。如图 1-6 所示为一度被追捧的 Apple Vision Pro。它在用户体验上的最大独创是使得其他人可以通过头戴显示器"看到"穿戴者的眼睛。虽然这并非光学意义上的看到，而仅仅是一种模拟投影，但仍然在根本上改变了以往人们对虚拟现实眼镜隔绝观者与被观者的印象。

图 1-5　母子咖啡杯（左图）
（图片来源：引自 cunicode 官方网站）
图 1-6　Apple Vision Pro 头戴式显示器（右图）
（图片来源：引自 Unsplash 官方网站）

相较于大部分日用工业产品，建成空间是大尺度的人造产物，其中的用户体验问题也至关重要。因为建成空间包围着使用者，用户体验问题独特，故常用"空间体验"来描述。本书中所提及的"空间体验"指的正是建成空间的用户体验。如果说建筑体验在过去往往被狭义地解释为对建筑形态的审美认知，那么在今天，空间体验则包含了人与建成空间互动的所有尺度和所有方面，从开放与围合的感觉，到看与被看的经历，到寻路的难易，到空间对与他人交流互动的增益与否，到界面材质的触碰感觉等，全部涵盖在内。可以说，空间体验是在新时代高质量城镇化背景下，提升与人民群众息息相关的城市生活空间质量的关键话题。

作为青海玉树地震灾后援建十个重要建筑之一，2013年建成的嘉那嘛呢游客到访中心是一个以空间体验为出发点的实例。建筑本身由石材、木材等地方材料按照传统的工法建造而成，其独特的形态并非来自造型的需要，而是来自游览者从建筑向周边主要遗产地点瞭望的需要。不仅如此，位于地面的回廊和中间的四方庭院，以及屋顶的多转角、多边界平台，还为当地居民提供了日常转经、亲子互动、野餐等多种活动的适宜场所。嘉那嘛呢游客到访中心具备"体验型建筑"的特征：对建筑的记忆更多来自现场实际的体察，远非几张建筑照片或几段建筑视频可以承载。它使"体验建筑"这样一个传统上不可分解的主观过程，可以被分解成使用者与具体建筑界面互动行为的可量化组合。这种可量化组合是当今研究建成空间用户体验的必要条件。

与前述的用户体验类似，"空间体验"，即建成空间用户体验，包含着客观属性特征与可量化的规律，对其相关的研究与发现将形成新知识的积累，是一种科学。

1.4 设计科学

"设计科学"的概念最初诞生于20世纪50年代。美国工程师、系统理论家、设计师、发明家巴克敏斯特·富勒（Buckminster Fuller，1895—1983年）[1] 在1961年伦敦召开的世界建筑师大会上首次完整阐释了何为设计科学。他认为"设计是以全体论方式寻找自然规律的途径"：

"我必须使用'综合预测设计科学'这个词。科学将经验的事实按顺序排列，而设计与之截然相反，是一种有意的安排。运用法

---

[1] FULLER B. Design Science as a Systematic Form of Designing[R]. London：World Design Science Decade，UIA 1961.

则，建立秩序，我们试图通过预测人类的需求、预测自然的总体需求、预测二者之间的互补与调和，来参与自然的进化过程。"

（*I find that I have to use the words "Comprehensive Anticipatory Design Science". Science sets in order the facts of experience. Design as against that which is happening to you：it is that which you do deliberately. Using principles，then，employing order，we try to anticipate the needs of humanity，anticipate the needs of nature in general，try to anticipate the accommodation of the total intercomplementarity，using those principles then to actually begin to participate in the evolutionary formulations of nature...*）

虽然张拉平衡整体、测地线穹顶在随后的十年中相继面世，但同时具备空间创意想象力和数学、物理学计算能力的设计师在当时还是少之又少。富勒对设计科学的宏伟定义并没有得到广泛的认同，甚至在他去世后的 20 世纪 80—90 年代，设计科学在建筑理论界逐渐被边缘化：设计科学概念曾一度与"解决问题导向的设计"（Problem-Solving Design）混为一谈；或在设计整体被认为是不科学的前提下，设计科学被降解为对设计方法规律性的研究；[①] 或设计科学彻底放弃与形态的关系，寄居在环境行为和环境心理研究之上。[②]

但柳暗花明，开始于因特网时代的对网页等信息系统用户界面（User Interface，简称 UI）的设计问题，一度成为计算机科学领域的重要关注。[③] 因为计算机界面对其操作行为与操作效果固有的完整记录，将二者的联耦用于界面设计范式的迭代，成为推动计算机科学发展的一条重要线索。以下三个方面的条件有效支撑了在信息系统界面设计方面的科学研究过程，保证了设计科学在计算机领域突飞猛进的发展：所有的人机交互信号是可控的，所有的人机交互行为数据是完整的，所有的用户体验测度是存在并可靠的。

不难发现，今天在数字技术的加持下，前述的三个条件在城市和建筑的建成空间界面设计方面也得到了或接近得到满足：人

① SIMON H. The Sciences of The Artificial[M].Cambridge：The MIT Press，1969；CROSS N，NAUGHTON J，WALKER D. Design Method and Scientific Method[J]. Design Studies，1981，2（10）：195-201.

② GERO J S，KANNENGIESSER U. The Situated Function-Behaviour-Structure Framework[J]. Design Studies，2004，25（6）：373-391.

③ HAVNER A，CHATTERJEE S. Design Research in Information Systems[M]. New York：Springer，2010.；VASHNAVI V，KUECHLER B. Design Science Research in Information Systems[EB]. Design Science Research in Information Systems，2004-2021.

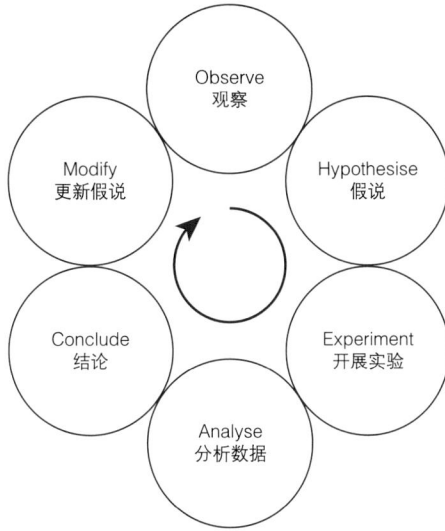

图1-7 科学过程循环

与建成空间界面交互的信号可以为多种可穿戴式传感器所获取，人在建成空间中的行为数据能通过无处不在的天眼所收集，空间体验的可靠测度也随着计算技术、生理传感技术等的发展不断涌现。这就为设计科学在建筑学领域获得了史无前例的重要发展机遇。

比较前述的设计过程循环与常见的科学过程循环（图1-7）不难发现，科学过程与设计过程都需要从观察开始；随后科学过程要建构量化描述的假说，设计过程要建构诠释描述的概念；再后科学过程依赖开展实验、分析数据、得出结论以迭代更新假说，设计过程则依赖形态生成、建造实现、测试反馈以迭代更新设计方案。可见，二者具有很大的相似性，特别是当设计过程中的建造实现—测试反馈部分越来越变得可量化时。

科学过程具有完全的可复制性，不论是其实验、数据分析还是结论；设计过程的建造实现、测试反馈是可复制的，概念和形态生成则是不可复制的。

设计科学在今天被认为是对人造产物的科学研究与创造，使其更好地实现普遍意义上为人服务，提升广大人民群众的日常生活质量。

1.5 设计科学的基本要素

为使得面向建成空间体验的设计科学所定义的问题更清晰，有必要在最开头厘清设计科学的基本要素。

设计科学包括人、日常、问题三个要素。

人这一要素自然无需解释。

日常是指在生活中规律性的人的重复行为，这些行为彼此相关，共同服务于生活基本目的的满足。

问题指设计科学要解决的，以改善人的日常生活为目的的实际问题。这里既包含有明确定义的问题（Tame Problem），即在现实状态与目标状态之间存在明确的可量度的差异（也常用△表示）的问题；又包含无明确定义的问题（Wicked Problem），即现实状态与目标状态的差异难以界定、量化。例如，如何通过改善教室的照度从而提升学生上课时的专注度，这是一个明确定义问题；而如气候变暖、生态可持续、公平居住等，则属于无明确定义问题。实际生活中，最具挑战性的设计问题几乎都是无明确定义的问题。

1.6　人造产物

1.6.1　人造产物的基本属性

人造产物（Artefacts）是由人制造的、人们赖以解决日常问题、提升生活质量的物件或系统。人造产物包括五个基本属性：功能（Functions）、动作（Behaviors）、结构（Structure）、环境与影响（Environment & Effect）和界面（Interfaces）。

1. 功能

功能指人造产物应用于日常时的增益方式，是人造产物能为用户做什么、其用户如何从人造产物的日常使用中受益，以及人造产物在支持人的日常生活中扮演何种角色。比如一块 LED 屏幕的功能是显示信息，在人的日常生活中扮演着信息获取终端的角色。

2. 动作

动作指人造产物为履行功能而改变其状态或传递信息的过程。例如，一块 LED 屏幕能够以像素为单位改变明暗、色彩，这是这块屏幕的动作。

3. 结构

结构指人造产物的系统内部组织方式。为了完成其动作，人造产物的各构成部分必须以某种方式建造、连接起来。例如，一块 LED 屏幕的基本结构是一块电致发光的半导体材料，置于一个有引线的架子上，四周用环氧树脂密封。

4. 环境与影响

环境与影响指人造产物的系统外部作用与反作用。环境是人造产物周边的物理存在，是包被人、人造产物及其互动所形成的日常生活的空间。影响是指人造产物在履行功能、完成动作时，对其环境产生的作用，以及环境对人造产物的反作用。例如，一块 LED 屏幕的环境即其所放置的空间，而它对环境的影响则是局部色彩与明度的改变，同时环境中的眩光会降低 LED 屏幕的可读性，这也属于影响。

5. 界面

界面指人造产物内部结构与外部环境的接触层，是人使用人造产物的主要互动对象。自工业化以来，一个普遍的做法是将人造产物的内部结构隐藏在界面之后，这样一来，人与人造产物互动时可仅仅关注人造产物的日常功能部分。例如，一块触摸 LED 屏幕的界面包含屏幕玻璃中所密布的触点，以及与之对应的屏幕中显示的可互动元素。

1.6.2 建成空间作为人造产物

建成空间同样具备以上五个基本属性。下面以牙医诊室为案例进行简要分析。

第一是功能属性。建成空间对牙医而言，最重要的是能够把器械和材料井井有条地布置收纳在里面；而对就医的人而言，则是尽可能愉悦的、至少不是恐惧的体验。因此，牙科诊室的声环境营造会尽可能采用一些手段来削弱磨牙器带来的震动声响，以降低人们的恐惧心理；视觉环境方面则会尽量为人们提供开阔的视野，以使其放松心情。

第二是动作属性。牙科诊室的座椅会因其发挥功能而改变，一些"假窗"的室外窗景也会随着用户的偏好显示不同的内容，等等。

第三是结构属性。显然在建成空间中，这就是通常意义上的房屋的支撑结构，部分时候会叠加内部装置或座椅的支撑结构。

第四是环境与影响属性。其中，环境指牙科诊室所处的城市环境，显然优越的景观条件会带来较为宜人的就医体验；影响指牙科诊室在提供人们就医体验时，会给所处城市区域带来的交通或社交方式的影响。

第五是界面属性。人们在就医过程中主要看到、听到、闻到、摸到的空间界面。景观化的视野、牙钻嗡嗡的声响、乙醇的气味、皮质的座椅，这些构成了人们识别牙科诊室、产生空间体验的绝大部分。

1.7 城市人因工程学与设计科学

有这样一种观念长期存在，认为：建筑学聚焦建筑或城市形态的美学创造，甚至应被纳入纯粹的艺术范畴。事实上，在当今时代的技术文明下，在新时代高质量城镇化的驱动下，建筑学、城乡规划学等学科中相继出现了以新的客观数据取代旧的主观经验、以新的实验迭代取代旧的直觉决策、以新的量化分析取代旧的定性评判的趋势，设计已不再仅仅被认为是"画"出来的，更应该是"算"出来的。设计科学在这个时代大有用武之地。

城市人因工程学正是在这样的背景下产生的。它聚焦于建成空间的用户体验，面向当今城市提质增效的实际需求，应用于建筑或城市的设计进程。如图 1-8 所示是建筑学的设计科学过程与传统设计过程的比照，前策划—后评估与城市人因的联汇可以彻底改变依赖建筑师主观经验判断的设计过程，从项目开始—建造完成—日常使用全链条地引入主客观数据，实现对传统的以形式生成为核心问题的设计过程的全面革新。

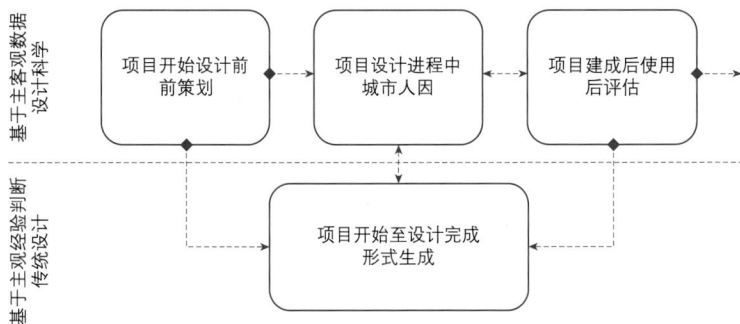

图 1-8　建筑学的设计科学过程

课后思考题

1. 设计科学的定义是什么？
2. 根据你的理解，对用户体验的客观属性进行描述。
3. 自选一个（类）人造产物，给出其基本属性的解释。
4. 自选一个设计项目，给出其设计过程的定义，并分析其中有哪些环节具备客观量化的可能性。

第 **2** 章　理论框架

本章编写：张　利　邓慧姝　叶　扬　陈昱弘

教学参考要点

① 教学目的：回答"城市人因工程学是什么、为什么"的
问题。

② 主要知识点：建筑与城市研究的"物端"和"人端"，城
市人因工程学定义，人因分析技术路径（具体知识点包括：
两个抽象层，四种体验任务，四种主要的人因分析，两种
主要的数字仿真形式）。

③ 内容串接逻辑：从建筑与城市研究历史上"人端"相较于
"物端"的差距，引出城市人因工程学的定义，强调沉浸式
环境技术与人因测度技术为城市人因工程学所提供的量化
可能性；解释城市人因工程学的定义，讲述基本技术路径，
重点突出量化分析对传统设计流程的改变。

④ 建议学生重点掌握内容：了解空间与体验抽象层的概念、
主要的体验任务与人因分析种类、应用人因分析的设计流
程。鼓励学生按照自己兴趣，结合同时进行的课程设计，
提出人因分析的问题。

2.1　背景

城市人因工程学的出现源于我国高质量城镇化的要求和世界城市化进程的启发，未来城市发展趋势的核心是人的生活质量的提升。习近平总书记指出："要更好推进以人为核心的城镇化，使城市更健康、更安全、更宜居，成为人民群众高品质生活的空间。"[①]高品质城市生活空间是人民群众的普遍向往，而随着生活方式的改变，人对空间体验质量的要求变得更高、更多样。

城市生活幸福指数等以人的感受为核心的评价指标已经成为衡量全球城市竞争力的重要指标，国际建筑师协会（International Union of Architects，简称 UIA）主席贡蒂尔（Gonthier R）曾经明确表示，中国在城市中投入大量公共资源和技术方法，全世界期待看到技术如何服务于城市生活质量的提升。

然而，工业化以来的现代城市是多种建成空间系统叠加的结果，多为"见物不见人"，偏重空间中的物理界面、物品、技术、设施等，需要以人的需求为导向，探寻干预城市建成空间体系的新方法。

城市人因工程学把人的因素纳入建成空间系统的设计与建设之中，将设计过程中后期的决策判断由主观想象或经验转变为客观实证，以人的空间体验的实证测量分析和预测来引导设计干预，实现人体验质量的更精准优化，做到"见物又见人"，进而实现对资源、能源的更高效配置和使用。

这里的"物"指物质环境，简称"物端"；"人"指人的空间体验，简称"人端"。通过媒介对两者进行更精准的描述，是建成空间设计与研究传递信息的关键。例如，贝聿铭在卢浮宫前广场改造设计阶段曾受到非议，原因是仅通过效果图难以向专家和巴黎市民传达建成效果，直到最终以 1∶1 模型放在现场，才令人能够获得相对明确的空间感受，取得了广泛的认可。

建筑史上，一直存在着"人端""物端"的量化准确度发展不匹配的问题（图 2-1）。

20 世纪前，"物端"量化主要靠建筑制图法的更迭，中国隋唐时期的"界画"通过平行投影呈现了空间整体的形象；文艺复兴时期，透视法的形成使人类实现在画面上更准确地展示人眼看到的建成空间造型；工业革命后出现的轴测图被广泛地用于机械和工业设计，支撑建筑按图纸被精确建造。20 世纪 40 年代，建筑设备的大规模系统化，提升了物质环境测量与营造的准确度；20 世纪 80

---

① 王从春. 加快实施城市更新行动　打造宜居、韧性、智慧城市 [EB]. 中国共产党新闻网，2025-01-27.

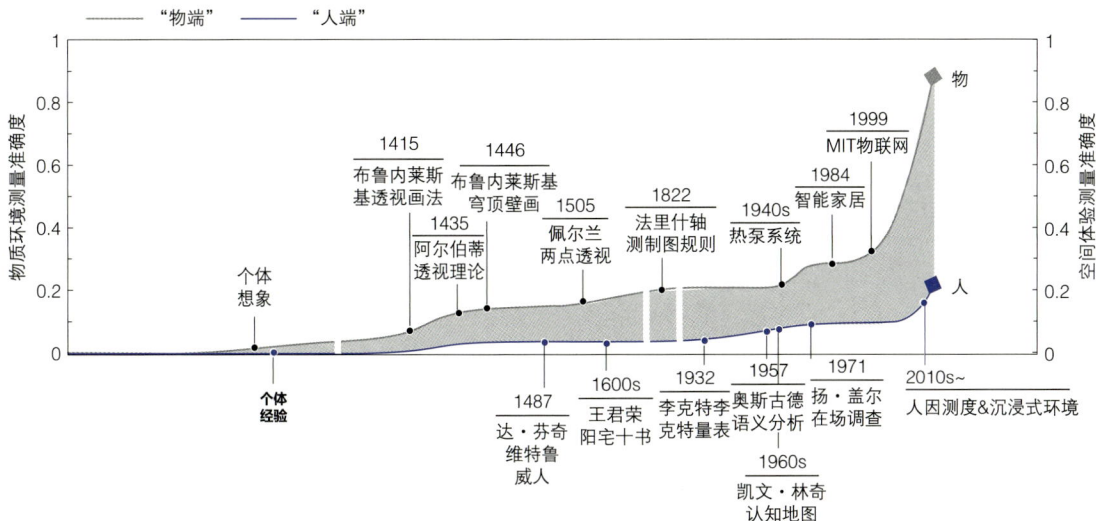

图 2-1 "人端"与"物端"量化准确度的发展趋势

年代，智能家居开始大规模研发，增加了环境空间应对变化的能力；20 世纪 90 年代，由麻省理工学院（Massachusetts Institute of Technology，简称 MIT）提出"物联网"构想，其发展至今，通过信息传感与交换实现物质环境的精准测量与智能化管理。

20 世纪前，"人端"量化主要依赖匠人和建筑师的经验归纳、推测。维特鲁威人将人体比例映射到空间形态，映射过程主要依赖于建筑师个人的审美和经验判断。中国古代的堪舆法，即风水，所依赖的也是个体对于空间体验现象的观察和归纳。一些心理学的量表也开始被纳入空间研究过程，尝试对人的主观评价进行量化分析，如李克特量表、语义差异法等。自 20 世纪 60 年代起，城市空间的研究开始出现了人本主义的转型，建筑师开始用社会学的方法去实地观察、记录人在空间中的行为。凯文·林奇（Kevin Lynch）通过认知地图邀请被试画下自己对空间的记忆，尝试研究居民对城市空间体验与记忆的共性特征。

"物端"易于量化描述，更能得到最新科技的支持以提升其准确度。然而，长期以来，"人端"的量化方法未能得到充分研究，发展缓慢，在量化技术上与"物端"存在较大差距。城市人因工程学在"物端"和"人端"之间建立桥接关系，更多关注未被充分量化的"人端"。

2.2 城市人因工程学的定义与要素

城市人因工程学是设计科学在建成空间领域的分支，它聚焦于人对建成空间的主观感受，通过对人的空间体验的实证测量、分析与预测，引导设计干预，实现更高质量的空间体验。城市人因工程

扫码查看"第 2.2 节"导读视频

学是信息技术科学、人因工程学与建筑学科的交叉，其代表性技术路径是在人因测度技术及沉浸式环境技术的驱动下形成人因分析，从而进一步引导建筑设计决策循环从主观经验过程向客观实证过程的转变。

人因测度是为量化人的注意力、压力、情绪、活动等各个方面反馈，在人进行空间体验时收集到的生理和行为数据构成的测度统称。相比于主观评价为主的方法，人因测度基于多种客观数据采集，能够更精准地分析空间体验。而人因测度技术是借助各类设备、工具对人因测度进行测量的技术统称。

沉浸式环境技术（Immersive Environment）可在现实或虚拟环境中通过同时刺激人的多种感官，如视觉、听觉、触觉等，让人具有逼真的感官体验，产生身临其境的感觉。用户不只是被动接受信息，而是可以主动探索环境、操纵对象，与虚拟世界产生实时的交互，其互动性极大增强了沉浸感和代入感。目前，虚拟现实（Virtual Reality，以下简称VR）技术作为沉浸式环境的技术之一，受到广泛应用。相关研究表明，当前VR沉浸式环境可以引发的被试反馈已高度接近在建成空间中的，人在沉浸式环境中的反馈与建成空间中的反馈相似度能达到90%。[①] 在空间研究中，沉浸式环境能够针对特定研究议题模拟空间场景，灵活调节空间变量，并实时与多种穿戴式人因数据采集设备协同，实现对人因数据更加可控和便捷的采集与测量。

人因测度技术和沉浸式环境技术两个要素同时趋于成熟，为城市人因工程学提供了量化空间体验的可能性，弥补"人端"与"物端"差距的历史最佳窗口期已经到来。城市人因工程学的目的是增进新建空间的设计和既有空间的改造，让设计能够更好地识别和满足人的生理和心理需求，使建成环境更精准地匹配人们的幸福生活。

2.3 城市人因工程学技术路径

建成空间作为一种人造产物，包括内部结构、界面和外部环境三个层面。由于内部结构普遍隐藏在界面之后，故人在建成空间中的体验与空间界面的设计息息相关。空间界面作为供给，空间体验作为需求，城市人因工程学主要探索供给与需求是否相匹配的问题（图2-2）。

---

① HIGUERA-TRUJILLO J L, et al. Psychological and Physiological Human Responses to Simulated and Real Environments: A Comparison between Photographs, 360° Panoramas, and Virtual Reality [J]. Applied Ergonomics, 2017, 65: 398-409.

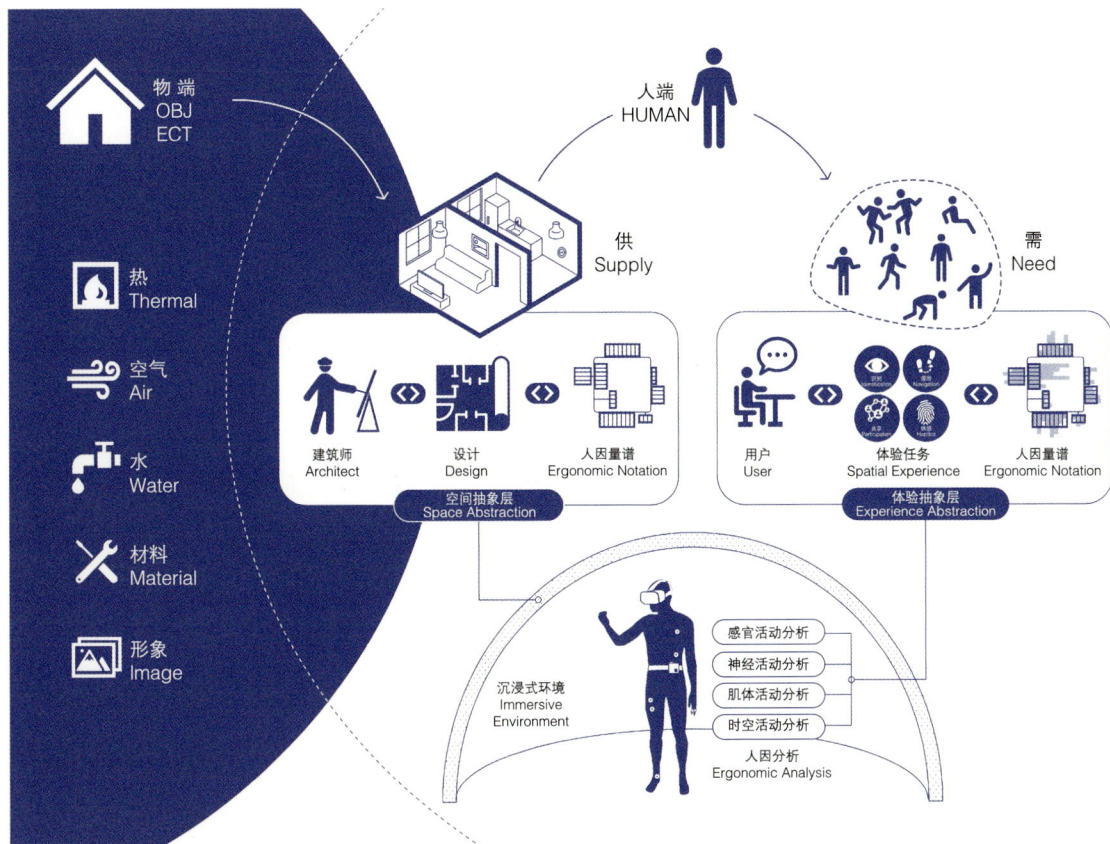

图 2-2　城市人因工程学技术
路径

在分析使用者的需求时，可采用体验抽象层的概念，即空间体验时人的感受与认知信息。体验抽象层分为 4 个体验任务：识别、漫游、共享、体感。在实现体验任务时，人通过感官活动、神经活动、肌体活动和时空活动与周围空间进行互动。人因分析的过程就是通过相应的人因测度来对 4 项活动进行测量，以计算体验任务的强度。

在分析设计者提供的供给时，可采用空间抽象层的概念，即空间界面所提供的关键逻辑与信息。除现实存在的空间界面外，也可基于数字仿真技术对空间界面进行不同沉浸度的模拟。

人因量谱图是从空间界面实体中提取抽象信息的工具。将体验任务的强度数据映射在人因量谱图中，就可以比较体验抽象层与空间抽象层的匹配程度。

2.3.1　空间抽象层与体验抽象层

产品的供给与需求的匹配程度极大地影响了用户体验质量，但建成空间比工业产品要更为复杂和系统。空间体验质量问题在本质上是空间抽象层与体验抽象层不匹配的问题。

人通过对实际信息进行抽象提取，形成对信息的认知与记忆。例如，埃菲尔铁塔的剪影图形会令人想到法国巴黎，成为巴黎的抽象认知信息；清华大学二校门是校园的一部分，其形象的抽象也成为对大学的抽象记忆，被认为是最代表清华大学的标志，成为公众传播的抽象认知信息。空间抽象层和体验抽象层分别是从供给方和使用方对空间的关键逻辑与信息的凝练与提取。空间抽象层是指空间的供给方——设计者对空间环境的供给逻辑架构，而体验抽象层是指使用者实际生活中使用空间环境后，对空间环境的功用逻辑认知。

在实践中，空间抽象层与体验抽象层常会出现差异。例如，北京中国国际贸易中心地下商业空间现状按照空间方位分为北、中、南3个区域，而人们在使用该空间时更倾向于以节点和连接路径来认知空间结构（图2-3）。通过人因分析，可以对体验抽象层进行量化测量，以此来衡量体验抽象层和空间抽象层的匹配程度，从而帮助改善城市建筑的空间体验。

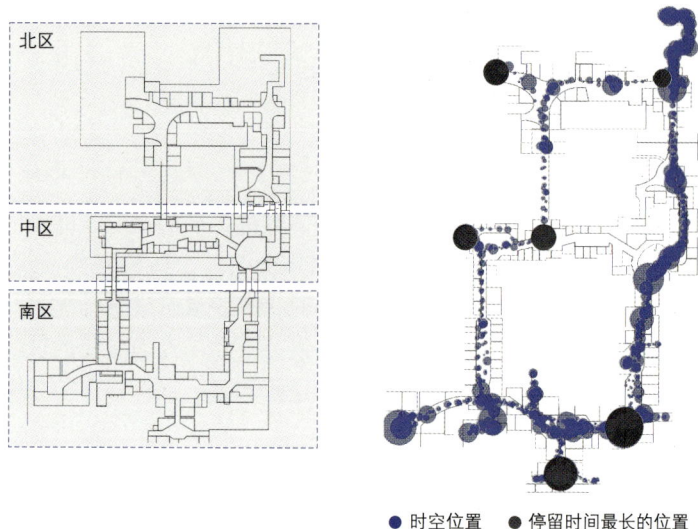

● 时空位置　● 停留时间最长的位置

图2-3　北京中国国际贸易中心地下商业空间的空间抽象层与体验抽象层对比

2.3.2　人因分析

人因分析指对感官活动、神经活动、肌体活动、时空活动进行人因测度采集后，基于收集到的客观数据进行的量化分析，以此评估4项体验任务的体验强度，继而明确空间抽象层与体验抽象层之间的匹配程度（图2-4，具体技术细节详见本书第4章"人因测度"）。

感官活动分析的测量对象是人体接收外界刺激时的感官活动。其可以作为反映人选择性注意力分布的有效指标，能够有效揭示空间界面对于人体验影响的不均等性，以及人对不同空间界面的潜在偏好。

神经活动分析的测量对象是人体接收外界刺激所形成的电生理信号反馈。其在心理学和人机交互领域可作为衡量用户体验的有效指标，[①] 能够了解使用者在游历空间过程中的认知机制和情感体验。[②]

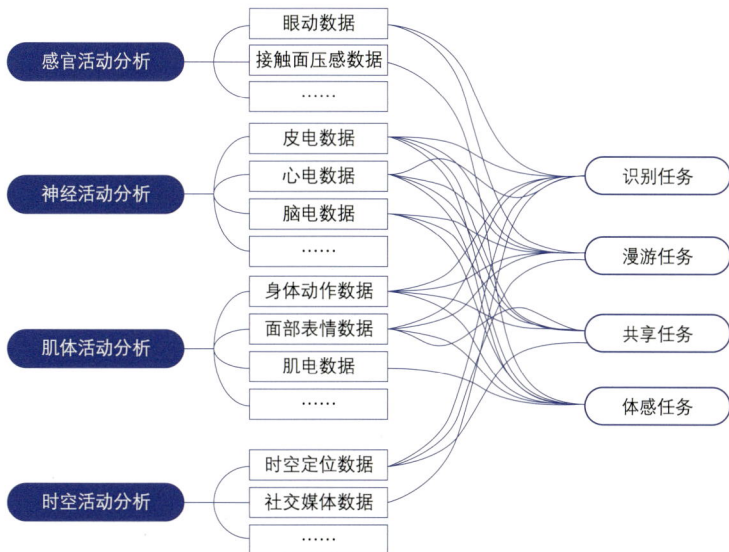

图 2-4　人因分析过程

肌体活动分析的测量对象是人在接收外界刺激时肢体状态的变化过程。其人因测度主要来自两个姿态和表情，能够帮助了解人们在空间中的行为模式和情绪状态。[③]

时空活动分析的测量对象是群体或个人在不同时间段进行的空间活动与分布。其应用于分析宏观、中观、微观不同规模的人的分布和移动轨迹，描述人在时空活动中的不均匀性，能够较为直接地反映人对空间界面的体验过程与偏好。

2.3.3　体验任务

在传统设计任务的基础上，根据长期实践提炼出建成空间附有的 4 项体验任务，分别为识别任务、漫游任务、共享任务、体感任务。这些任务与人在空间中的感受息息相关。针对各项任务选取适用的人因测度，能够实现以人的客观数据来描述、判别人的主观空间感受，据此形成新的空间体验预测。

识别任务主要关注的是人通过建筑物、标识、空间形态、声音、气味等感官刺激对建成空间信息的获取与认知。其任务强度反

---

① 葛燕，陈亚楠，刘艳芳，等 . 电生理测量在用户体验中的应用 [J]. 心理科学进展，2014，22（6）：959-967.

② DIRICAN A C, GOKTURK M. Psychophysiological Measures of Human Cognitive States Applied in Human Computer Interaction[J].Procedia Computer Science，2011，3：1361-1367.

③ GOYAL S J, UPADHYAY A K, JADON R S.A Brief Review of Deep Learning Based Approaches for Facial Expression and Gesture Recognition based on Visual Information[J]. Materials Today：Proceedings，2020，29：462-469.

映为人对建成空间信息投入注意力的强度，以及人与该信息之间的关联性，影响人对建成空间的归属感。

漫游任务主要关注的是人在建成空间中基于对环境的认知所完成的以去往或休闲为目的的自主慢行移动。其任务强度反映为人体验的完整性和过程中空间感知的丰富度，影响游历建成空间的愉悦感。

共享任务主要关注的是如何使人们在共同使用建成空间时不因各自完成不同的任务而产生冲突。其任务强度反映为人在空间中共享事件发生的状态，影响人在建成空间中的交往体验。

体感任务主要关注的是人通过身体界面与物质环境进行的互动。其任务强度反映为人体动态的多样性及与空间界面接触的强度，影响人对建成空间的身体记忆与满意度。体感任务最直观地体现在家具、墙壁和地毯上，强调舒适与自在的身体感受。

基于识别、漫游、共享、体感任务所关注的设计问题，人因分析研究能够更具针对性地筛选相关性更高的人因测度，对空间体验任务的相关方面进行量化，实现预测与实证。

4个空间体验任务的强度可由式（2-1）来衡量。

$$\varepsilon = \frac{1}{T \cdot N} \sum_{i=1}^{M} T_i \sum_{j=1}^{N} E_{ij} \qquad （2-1）$$

式中　ε——空间体验任务强度值；

T_i——采样时间间隔，例如每隔一秒采样一次，则 T_i=1s；

E_{ij}——第 j 个个体在第 i 次采样中的人因测度数据。根据人因测度的数据类型分为两种情况：①人因测度为离散时，当体验任务发生时取值为 1，当体验任务未发生时取值为 0，例如视线是否交流；②人因测度为连续值时，对测得的数值进行归一化，例如皮电反应；

T——采样总时长；

N——总人数；

M——采样总次数。

共享任务中，N 变为 N_{max}，即：

$$\varepsilon = \frac{1}{T \cdot N_{max}} \sum_{i=1}^{M} T_i \sum_{j=1}^{N} E_{ij} \qquad （2-2）$$

式中　N_{max}——代表研究的空间领域面积所能容纳的最大人数，以每人站立时最小投影面积 0.36m² 计算取整可得。[1]

上述公式的含义是先对每个人求人因测度对于时间的积分并求和，之后，对于识别、漫游、共享、体感任务，因为它们关注的是个人的体验，因此以人数为分母进行平均。

––––––––––

[1]　以人体测量学标准 0.6m × 0.6m 为单位。

2.3.4　数字仿真

城市人因工程学应用数字仿真技术对空间进行研究，数字仿真（Digital Simulation）为数字孪生（Digital Twin）与虚拟世界（Virtual World）的统称。数字孪生是指模拟和预测现实世界中的物理对象、系统或过程的技术，与现实环境有明确的映射关系。虚拟世界则用于检测尚未在物质空间中实现的建成空间方案。

在城市人因工程学中，数字仿真主要基于沉浸式环境，进行人因测度的采集，并进行数据分析。数字仿真可具有不同沉浸度，常见的技术形式包括热点式虚拟游览、增强现实游览、屏显式开放世界游览、虚拟现实游览等。由于硬件性能和便携性的限制，数字仿真的沉浸度越高，其用户访问便利度（Easiness of Access）越低（图 2-5）。这意味着高沉浸度的仿真体验更难被广泛的用户群体通过他们现有的设备轻松访问和使用。

热点式虚拟游览（Hotspot-driven Virtual Tour）是将多个 360° 全景图片或视频按特定路线串联起来的在线虚拟游览。用户可以通过电子设备打开网页快速访问。在游览过程中，用户点击屏幕上的热点，即可进行位移或获取额外信息，并通过移动旋转电子设备来流畅地转移视角。尽管这种技术通过简化三维模型实现了轻量化云端访问，具有很高的用户覆盖度，但它难以模仿真实漫步的连续感，同时也将用户限制在既定路线上，无法自由探索，导致沉浸度较低。

增强现实游览（Augemented Reality Tour，简称 AR Tour）是一种将虚拟信息叠加到现实世界中的游览形式，可通过智能手机、平板电脑或专门的 AR 眼镜等设备进行访问。用户通过设备摄像头观察周围环境，图像、文本或数据等虚拟元素会实时叠加在现实场景之上，从而增强了用户对环境的理解和互动。增强现实技术通过日常设备提供与现实世界紧密结合的数字化互动体验，使得用户覆盖度较高。然而，受限于现实环境的复杂性和设备的硬件性能，该技术有时难以实现无缝和连贯的体验，从而影响了用户对虚拟与现实融合的深度感知。

屏显式开放世界游览（Screen Space Open World Tour）是指能够通过屏显设备进行访问和互动操作的开放式虚拟游览体验。用

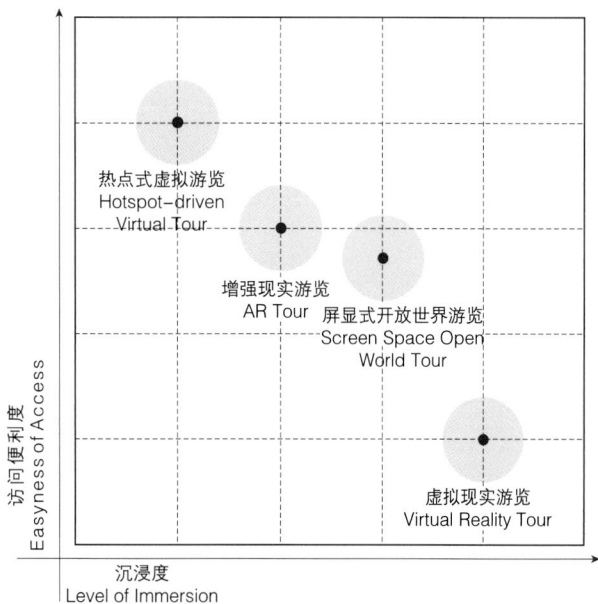

图 2-5　各项数字仿真技术的属性分布

户可以自由地在其中移动和探索，不受固定路线的限制，同时可以通过与屏幕上的元素互动来发现隐藏的内容或故事。这种技术通过优化的图形渲染和交互设计，提供了一种自由度高、代入感强的探索体验，但需要较高的硬件性能支持，以确保流畅和高质量的视觉输出。

虚拟现实游览[①]是具有全方位视觉包围和深度交互的高沉浸度虚拟游览。它通过头戴式显示器（Helmet Mounted Display，简称HMD）或 VR 眼镜等设备，让用户完全置身于一个由计算机生成的三维环境中。用户可以通过头部转动和身体移动来探索这个虚拟世界，并通过手持控制器与环境中的对象进行互动，从而获得一种身临其境的感觉。然而，尽管 VR 技术在提供沉浸式体验方面具有显著优势，但它通常需要相对昂贵和专业的硬件设备。此外，部分用户难以适应这种与现实世界完全隔阂的游览形式。这些因素影响了该技术的普及度和用户覆盖度。

根据实践和总结，数字仿真的数据分析可以被归纳为 4 条线索，分别是"描述 A""描述 B""解释"和"预测"（图 2-6）。在理论研究和工程应用中，这 4 条线索常常平行、重叠发生。

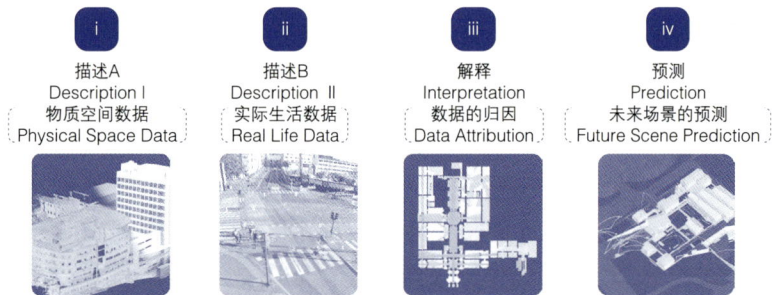

图 2-6　数字仿真数据分析的 4 条线索

"描述 A"是指以映射物质空间数据（Physical Space Data）为主的数字仿真。它是传统的、应用最广泛的城市数字仿真，以描述、再现物质空间的几何形态特征为主要技术路径，侧重于对城市空间物质形态的复制与还原。除建模外，还有其他数字方法也在应用于"描述 A"类的数字仿真。例如，由英伟达与约翰·霍普金斯大学研究团队开发的 Neuralangelo 算法可以从多视图图像中恢复密集的 3D 表面结构，能够从 RGB 视频中重建逼真的大规模场景，这体现了对物质空间数据的描述。[②] 该过程不需要完全复刻全部环境信息，而是从中筛选表达与研究问题最相关的空间信息。

---

① 对于混合现实（Mixed Reality）、拓展现实（Extended Reality）等混合使用增强现实与虚拟现实的技术，在此不做赘述。

② LI Z, MÜLLER T, EVANS A, et al. Neuralangelo：High-Fidelity Neural Surface Reconstruction[EB]. arXiv，2024-05-23.

　　"描述 B"是指以映射实际生活数据（Real Life Data）为主的数字仿真。它主要收集并记录人在空间中的行为相关数据，并将其映射到数字空间中。例如，马克斯·普朗克研究所研究团队[①]开发的 Human POSEitioning System 根据传感器进行大场景中的 3D 人体姿势估计和自定位，捕捉空间中发生的人际互动行为。清华大学研究团队[②]通过 Wi-Fi 定位收集 60 天内人群在滑雪大厅中的行为数据，分析不同人群的行为模式。这两个案例体现了对实际生活数据的描述。

　　"解释"是指以数据的归因（Data Attribution）为主的数字仿真。它的目标是在获取空间和人的行为相关数据的基础上，进行数据的归因，解析人在建成空间中的认知方式及行为发生的原因。例如，清华大学城市人因实验室[③]采用虚拟现实与眼动追踪技术结合，对人在城市步行空间的眼动规律进行分析，从而解析人的空间认知方式。此外，伦敦大学学院研究团队[④]采用空间句法对人在博物馆中的人流分布与视觉整合度之间的关系进行分析，发现人流分布与视觉整合度较高的区域高度重合。这些案例都是对人行为原因的解释。

　　"预测"是指以未来场景的预测（Future Scene Prediction）为主的数字仿真，指在数字空间中，对不同设计方案将会形成的实际生活场景进行预测。在当前数字技术与算力发展下，该技术对于模拟体验抽象层有巨大帮助，能够协助设计决策准确预测未来的生活场景。这种模式在其他一些领域已经得到应用，例如，自动驾驶领域已经可以借助数字仿真模拟现实中小概率危险场景进行安全性测试。[⑤]

① GUZOV V，MIR A，SATTLER T，et al. Human POSEitioning System（HPS）：3D Human Pose Estimation and Self-localization in Large Scenes from Body-Mounted Sensors[C/OL]//2021 IEEE/CVF Conference on Computer Vision and Pattern Recognition（CVPR）. Nashville, Tennessee, USA：IEEE，2021：4316-4327.

② HUANG W，LIN Y，WU M. Spatial-Temporal Behavior Analysis Using Big Data Acquired by Wi-Fi Indoor Positioning System[C]//CAADRIA 2017：Protocols, Flows, and Glitches. Suzhou, China，2017：745-754.

③ XIE Q. Mechanisms and Predictive Modeling of Visual Perception in Urban Pedestrian Space[D]. Beijing：Tsinghua University，2022.

④ TURNER A，PENN A. Making Isovists Syntactic：Isovist Integration Analysis[C]. Brasilia, Brazil：Proceedings of 2nd International Symposium on Space Syntax，1999：103-121.

⑤ Anon. NVIDIA DRIVE Sim[EB]. NVIDIA，2024-05-23.

2.3.5 人因分析增进设计过程

人因分析是对人的空间体验的实证测量、分析与预测，引导设计干预，实现更高质量的空间体验。结合新型人因技术，城市人因工程学使用人因分析支持设计师进行精准决策（图 2-7）。对于尚未建成的空间方案，人因分析主要以空间应用场景可能性枚举为自变量，以测得的人因测度为因变量，借助数字仿真模型，对方案参数进行精准选择；对于已建成空间，人因分析针对实际生活应用场景，采集人因测度数据，对空间体验质量进行客观评估，为建成空间的改造更新提供支持。在传统的空间形态任务的基础上，人因分析能够支持空间体验任务的客观量度。上述的人因分析过程、结果、设计任务增量等都可以直接指导可复制的应用场景，形成设计科学的相关知识积累。

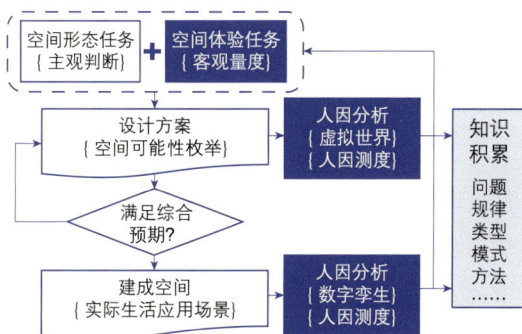

图 2-7 人因分析在设计过程中的作用

在具体的应用场景中，应用城市人因工程学技术路径的方法，是将特定数字仿真形式和特定体验任务进行联耦。例如，在熙春园数字复建与感知中，为实现对已失文化遗产的再现，以数字仿真的"描述 A"为主，以高真实度的全沉浸环境复建清华园前身熙春园的所有构成部分，对体验任务中的识别、漫游进行研究；在对以曲面为代表的新型空间界面实验中，以数字仿真的"描述 B""解释""预测"对体验任务中的体感进行研究，得到了人对曲面的偏好信息，贡献于后续进行的设计研发。

城市人因工程学技术路径的应用正在向低沉浸度、低门槛、高数据量、高参与度的方向探索。例如，景德镇通津场历史街区改造更新项目采用新的低沉浸度（即 PC 端或手持终端的第三人称视角空间漫游）方式进行人因分析，其使用者学习成本低，公众参与度高，获得了大量有效数据。

2.4　本章小结

　　本章从建筑与城市研究历史上"人端"相较于"物端"的差距引入，给出了城市人因工程学的定义，并详细解析了城市人因工程学的组成要素。其中，特别强调的是沉浸式环境技术与人因测度技术为城市人因工程学所提供的量化可能性。随后，通过空间抽象层与体验抽象层、人因分析、体验任务、数字仿真几个小节，明确了城市人因工程学的基本技术路径。最后，本章以量化分析对传统设计流程的改变作为结尾，突出了建筑学科引入实证研究的关键进程与有效模式。

课后思考题

　　1. 对于人的空间体验，城市人因工程学的研究方法与环境行为研究、建筑体验评论（Steen E. Rasmussen）、城市意象研究（Kevin Lynch）等有何区别？

　　2. 城市人因工程学所用到的人因测度及体验任务是如何在传统的设计流程中加入实证研究的？

　　3. 空间抽象层和体验抽象层的定义是什么？它们在人的空间认知过程中所起到的作用是什么？

　　4. 结合课程设计作业与个人兴趣，提出一个与空间体验有关的问题，并解析如何通过城市人因工程学技术路径开展研究。

第 **3** 章　人因量谱

本章编写：梅笑寒　谢祺旭　张　利 *

教学参考要点

① 教学目的：回答"通过什么工具来描述空间抽象层和体验抽象层及其匹配程度"的问题。

② 主要知识点：作为人因分析工具的人因量谱概念，二维人因量谱、一维人因量谱及两者之间的关系，以及两者与空间抽象层、体验抽象层的关系。

③ 内容串接逻辑：本章首先回顾了前人在使用图解工具量化空间体验方面作出的努力，之后提出人因量谱的定义，介绍其基本属性和描述方法；在此基础上，说明从二维人因量谱进一步抽象出一维人因量谱的降维原理和过程，以及人因量谱的应用。

④ 建议学生重点掌握内容：全面了解人因量谱知识；掌握二维人因量谱与一维人因量谱的描述方法；鼓励学生结合熟悉的校园空间，尝试应用人因量谱。

3.1 背景：图解空间体验的历史

人的空间体验既是让所有建筑师都心向往之的，又是令其望而却步的。这背后的原因是体验的主观属性。历史上，很多建筑师和建筑学者都试图用图解方法在空间的主观体验与客观描述之间建构一座桥梁。虽然这些努力并未完全取得成功，但他们富于创造性和开拓精神的探索，仍然为建筑学留下了宝贵的遗产。

图解空间体验的努力大致可分为基于拓扑的图解和基于编码的图解两种。

基于拓扑的图解是在复杂的空间信息中提取最相关的空间变量，如空间与空间之间的连接关系，从而形成对空间的抽象描述。运用这一方法的典型代表是亚历山大（Alexander C）[①]的"形式合成"（Synthesis of Form，1964 年），他将人们的活动与空间的关系在多个空间层级上进行细分拆解，综合考虑了多种复杂情况（图 3-1）。然而，这一结构高度依赖建筑师的个人经验总结，故使得合成的逻辑较为复杂，结论难以复制。

其后，穆拉特（Murat A C）[②]创造了"表意图"（Ideograms，1968 年），以拓扑网络为基础呈现公共空间和私人空间之间的联系、连接的层级结构，并凸显某些建筑的重要性。

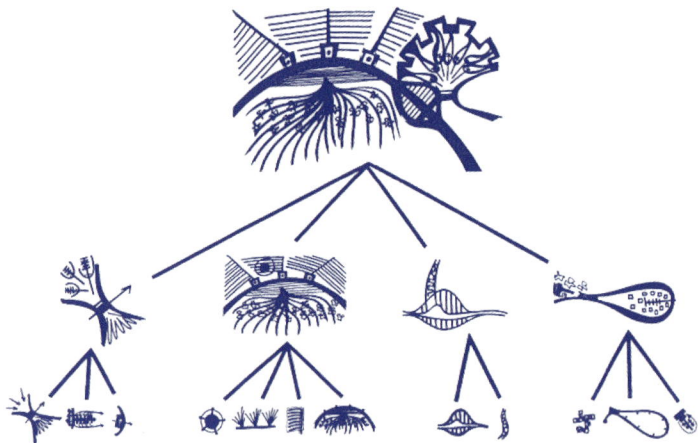

图 3-1 亚历山大的形式合成
（图片来源：引自 ALEXANDER C. Notes on the Synthesis of Form[M]. Cambridge：Harvard University Press，1964.）

---

① ALEXANDER C. Notes on the Synthesis of Form[M]. Cambridge：Harvard University Press，1964.

② COPPO D. From the Historic City to the Historicized City：Reflections on Several Studies on Urban Form Conducted in the Last Century[J]. Diségno，2019（5）：105–116.

在希勒（Hiller B）[1]与巴特莱特学院等人建立的空间句法（Space Syntax，1984 年）理论中，轴线分析图（Axial Map）和视野分析图（Isovist Map）延续了这种结构化表达，基于拓扑逻辑在静态城市地图上有效地预测和模拟人们的主要运动分布和视线。年代更近的是马歇尔（Marshall S）[2]开发了一种名为"路由结构"（Route Structure，2005 年）的分析工具。他渐进地将空间组成（几何形态）抽象为空间配置（拓扑结构）再抽象为构成（层次结构）的空间网络结构，以描述城市区域的交通体验。

基于编码的图解借助符号描述人的活动和感知。这一类别最早可追溯至著名的"拉班舞谱"[3]（Labanotation，1928 年），它启发了建筑师通过符号系统来记录或模拟人在空间中的动作（图 3-2）。例如，基于第一人称视角对坐标系的重新定义，"序列—体验图谱"[4]（Sequence-Experience Notation，1961 年）采用了一系列类似于乐谱的符号来表达人的空间体验。1965 年，哈尔普林（Halprin L）[5]提出了"动作图谱"（Motation），以图框为基本单元，并用各种简化的图像内容来表示不同空间的移动体验。其后，屈米（Tschumi B）[6]创造了一种"事件"谱记方式（1976—1981 年），试图通过多源时空信息揭示建筑空间的全貌。

困扰空间体验图解工具的问题是空间体验的主观属性与量化描述所需的客观属性之间的矛盾。在前述的图解工具中，空间句法一枝独秀，在相当多的实践项目中得到了应用，这与其在可视性分析过程中放弃对主观经验的描述，反而转向统计学事实密切相关。在其他图解工具中，主观性的经历虽然得到了不同方式的记录，但这些记录很难应用于客观的比较与推演上，因而在实际的建设项目中难觅踪迹。

① TURNER A，PENN A. Making Isovists Syntactic：Isovist Integration Analysis[C]. Brasilia，Brazil：Proceedings of 2nd International Symposium on Space，1999：103-121.

② MARSHALL S. Route Structure Analysis[J]. Journal of Cerebral Blood Flow & Metabolism，2003，31（4）：1171.

③ VON LABAN R. Schrifttanz[M]. Vienna，Austria：Universal-Edition，1928.

④ PHILLIPS T. A Sequence-experience Notation for Architectural and Urban Spaces[J]. Town Planning Review，1961：33-52.

⑤ CURETON P. Rhythm，Agency，Scoring and the City[M]//WALL E，WATERMAN T. Landscape and Agency：Critical Essays. London：Routledge，2017：104-116.

⑥ Anon. The Manhattan Transcripts[EB]. BERNARD TSCHUMI ARCHITECTS，2024-10-29. 魏方在《时空观念下的景观图解：从分析再现到形式发生》一文中将其翻译为"事件"谱记方式。

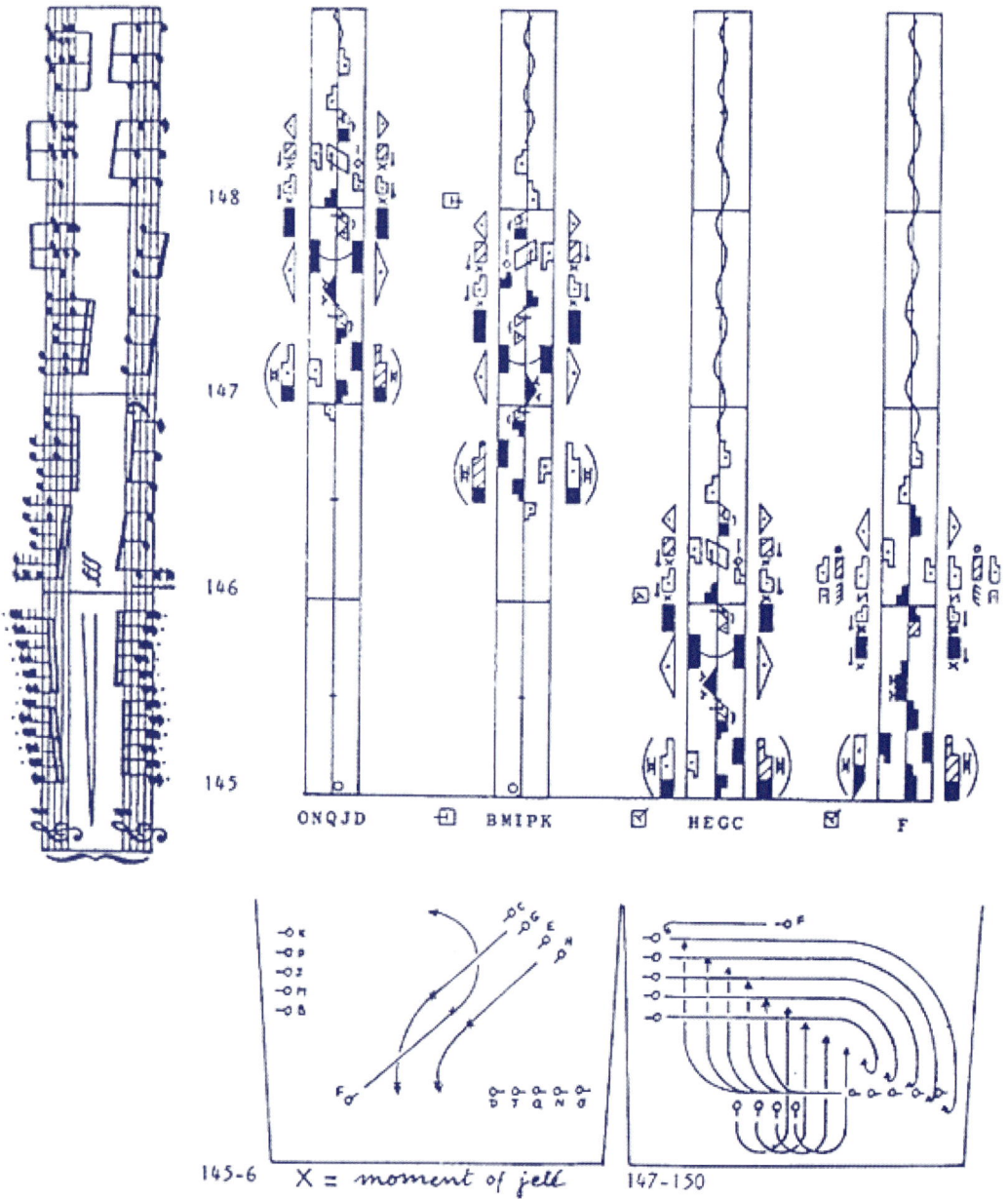

图 3-2　拉班舞谱
（图片来源：引自 VON LABAN R. Schrifttanz[M]. Vienna，Austria：Universal-Edition，1928.）

3.2　人因量谱定义

人因量谱是量化人的空间体验的图解工具，它将人因测度数据映射到时间、空间单元上，形成可视的空间体验记录。

人因量谱有二维人因量谱和一维人因量谱两种形式。二维人因量谱包含空间拓扑信息，通过人的体验与空间拓扑关系之间的映射，以共时的全局视角，反映设计方案各空间的体验强度；一维人因量谱基于人的空间体验是由不同局部的游历体验连贯而成的事

实，只保留体验与时间的映射，形成历时的
"第一人称"视角，反映使用者实际游历过
程中空间体验强度的变化。

3.3　二维人因量谱的制作

二维人因量谱制作需要用到空间拓扑关
系的概念。

空间拓扑关系是人因量谱所代入的空间
结构。数学家欧拉所开创的图论和几何拓扑
为描述空间的抽象结构提供了有效的工具。
一个城市或建筑中不同的空间单元可抽象为
点，而两个空间单元之间是否连通则抽象为
两个点之间是否存在连线，这样得到的点线构成的图即是空间的几
何拓扑关系（图3-3）。事实上，这种几何拓扑关系描述已经应用到
扫地机器人对户内空间的识别记忆等领域。

下面以北京颐和园的谐趣园为例，叙述二维人因量谱的典型制
作过程。

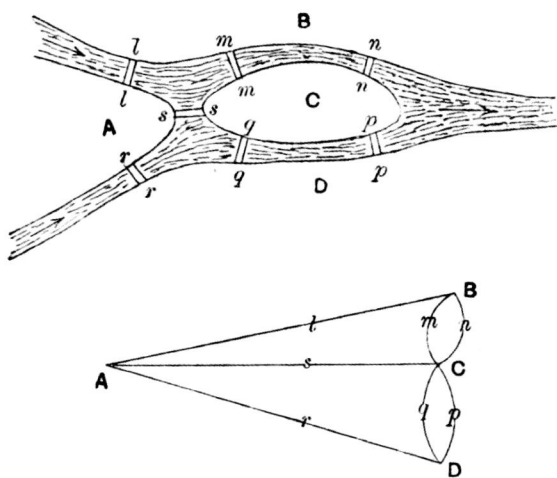

图3-3　七桥问题的拓扑图示
（图片来源：引自 ROUSE B W W.
Mathematical Recreations and
Essays[M]. London：Macmillan，
1914.）

3.3.1　第一步：领域分割与拓扑关系归纳

二维人因量谱制作的第一步是对所研究的空间对象进行领域分
割，一般参照已知的平面图进行。

谐趣园建于清乾隆时期，是仿照无锡惠山脚下的寄畅园建造而
成，其平面如图 3-4 所示。可以看到，谐趣园的空间领域主要可以
划分为亭台楼阁和廊子两种类型。如图 3-5
所示，图中蓝色的亭台楼阁是人们停留活动
的区域；在其之间的是廊子，既可用来行
走，又可形成停留活动。把它们作为空间拓
扑关系中的点来进行归纳，并用连线来反映
它们之间的连通关系，可得图 3-6。

图3-4　谐趣园平面

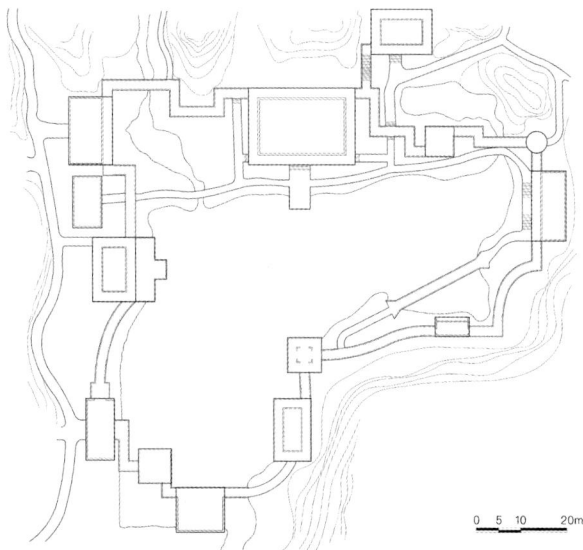

3.3.2　第二步：采样时长可视化

二维人因量谱制作的第二步是依据空间
体验任务进行采样时长的设定与可视化。

选取人们在空间样本中进行该项体验任
务的平均时长作为采样时长。例如，研究谐
趣园中人们环湖游览的识别任务和漫游任务

0　5　10　20m

31

时，以人们环湖游览一圈的平均时长 4 min 为采样时长；研究音乐厅中观众观看演出的共享任务和体感任务时，以单次演出的时长作为采样时长。

将上述采样时长值以矩形的形式带入领域分割与拓扑关系图，形成可视化呈现。每个矩形代表一个空间领域，其面积为采样时长。对于谐趣园的通过型空间，以廊子、步道的长度作为矩形底边长；对于谐趣园的活动型空间，以亭台楼阁中的最大位移距离作为矩形底边长；得到采样时长的可视化如图 3-7 所示。

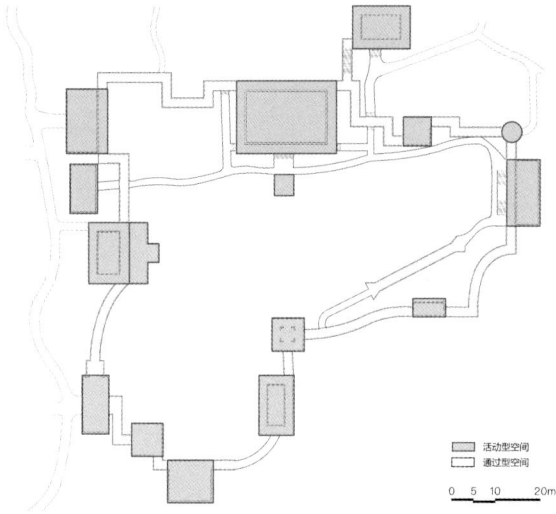

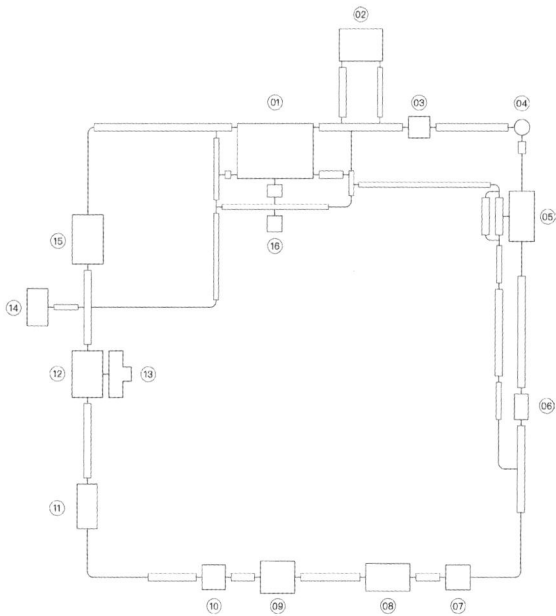

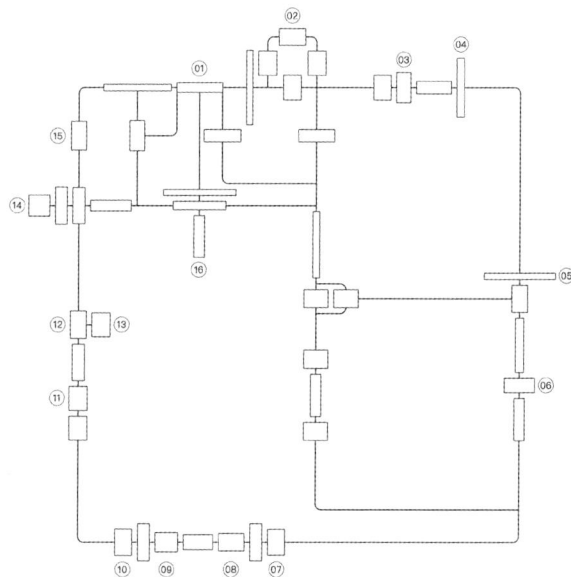

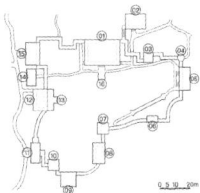

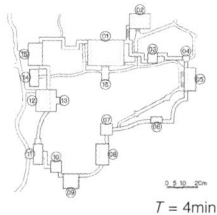

图 3-5 谐趣园领域划分

图 3-6 谐趣园拓扑关系归纳 [①]

图 3-7 谐趣园采样时长可视化

---

① 图中数字表示活动型空间的对应关系，相同数字指同一空间。余同。

3.3.3　第三步：时间片划分

二维人因量谱制作的第三步是对各空间领域的采样时长进行时间片划分。由于第二步所得的图形是基于空间逻辑的可视化，但在空间体验的实际研究中，更应给予关注的是随时间而产生的体验变化，因而需要以时间为单位作进一步的划分，或者说，做"时间片"的划分。根据所研究的体验任务不同，可定义相应的时间片长度，即第 2 章式（2-1）中的 T_i，以采样总时长 T 为分子，时间片长度 T_i 为分母，可得划分的栅格数。显然，一个栅格对应于一个时间片。

以谐趣园环湖漫游任务为例，可取时间片 T_i 为 20s，将每个区域的采样时长 4min 划分为 12 个栅格，如图 3-8 所示。

至此，二维人因量谱的线框部分制作完毕。再回顾一下各部分的意义：空间领域的矩形面积代表了采样时长，空间领域之间的连线代表了各领域间的连通情况，空间领域内的栅格则代表了相应研究任务的时间片数量。

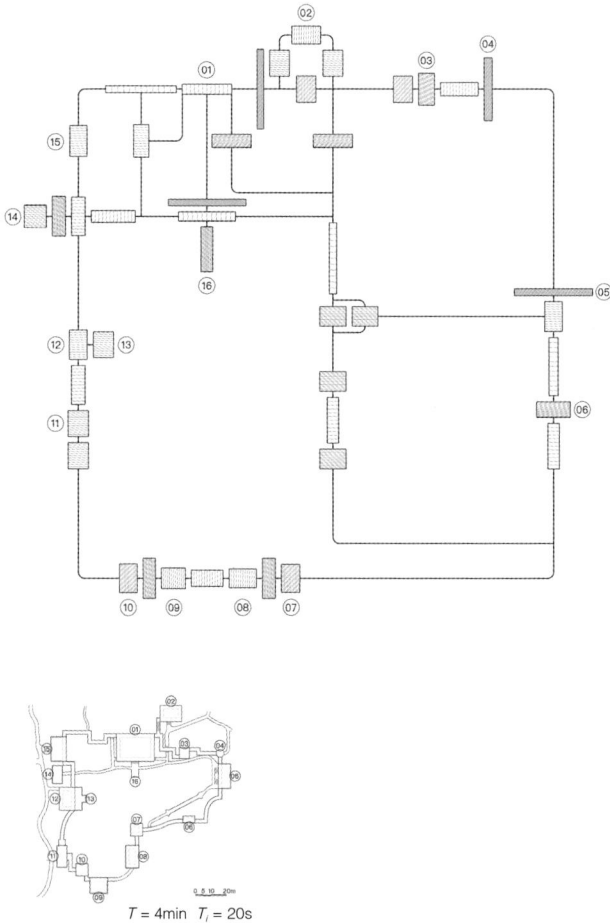

$T = 4min$　$T_i = 20s$

图 3-8　谐趣园二维人因量谱线框

3.3.4　二维人因量谱填充

根据采样时长采集人群的人因测度数据，在式（2-1）中，计算各个时间片 T_i 的空间体验任务强度值 ε。以前述二维人因量谱的线框为基础，可将实测的空间体验任务强度值（已作归一化处理，其值为 0~1 之间的实数）填充到相应的时间片栅格内，0 即全空，1 即填满。不同空间体验任务的计算见第 4-7 章的强度计算公式一节。填充的二维人因量谱可直观地体现空间抽象层（即设计理想使用状态）和体验抽象层（即生活实际使用状态）之间的对比（图 3-9）。

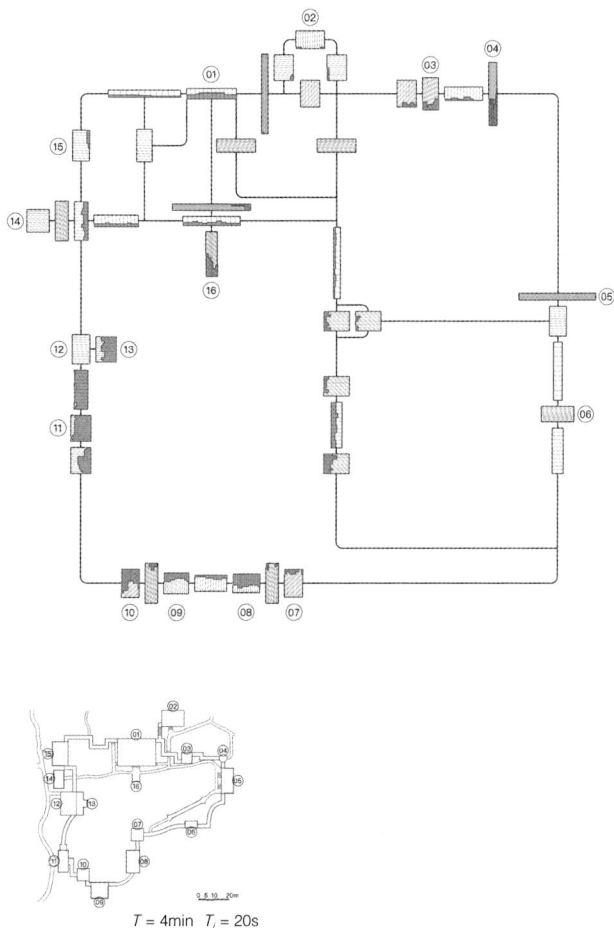

$T = 4\text{min}$　$T_i = 20\text{s}$

图 3-9　谐趣园二维人因量谱填充

3.4　一维人因量谱制作

二维人因量谱提供了"第三人称视角"的空间描述，可以进行整体评估。而在实际场景中，人并不是基于全局结构感知空间，而是在时间序列上线性地获取空间体验。因此，针对每个人实际发生的空间体验分析，则可以采用"第一人称视角"的一维人因量谱。一维人因量谱基于时间维度进行空间体验的量化，在二维人因量谱每个时间片上的空间体验强度可视化基础上，进一步增加了实际停留时长和平均停留时长差异的可视化（例如图 3-11 中蓝色柱体与黑色圆点的数量差异）。

停留时长是一维人因量谱标识空间体验的基础测度。如前所述，人的空间体验是由时间贯穿的，在某一空间单元的停留是人—人、人—空间交互行为的基础。当人的空间活动是完全自主的——即不存在强制性的外在约束或驱动时，在一个空间单元的停留时长是最具揭示度的测度。不论是在室内还是室外，不论是在文旅目的地还是在普通的城市公共空间，人们都愿意在高品质的、令人难忘的空间做更长时间的驻留，从而产生更多的人—人、人—空间互动，这是一个普遍的现象。

下面以北京颐和园的谐趣园为例，介绍一维人因量谱的典型制作过程。

3.4.1　从二维人因量谱到一维人因量谱的降维过程

一维人因量谱可以看作是二维人因量谱的降维结果，其领域分割和时间片划分方法与二维人因量谱相同，不同之处则有以下三点：

其一，二维人因量谱基于空间拓扑归纳来组织领域间的连接关系，而一维人因量谱基于人实际游历的时间顺序进行组织。因此，一维人因量谱只选取实际上人游历抵达的领域进行表达，领域间的顺序由游历过程中第一次抵达该领域的先后顺序确定。

其二，二维人因量谱根据不同的体验任务设定采集时长，而一维人因量谱采用每个领域的平均停留时长作为测度填充的基础。在此基础上，一维人因量谱进一步去除了每个时间片的空间信息（即矩形底边长所代表的距离信息），用圆点表示各个时间片。

其三，二维人因量谱侧重表达空间样本全局在一定时间内的体验强度分布，一维人因量谱侧重表达个体在实际游历过程中体验强度的变化。因此，一维人因量谱可选取更小的时间片 T_i，以更精准地追踪和描述个体的体验抽象层，为个案与群体停留时长的异同进行更准确的归因提供依据。

在谐趣园中，针对实际采集到的一名被试游历轨迹，我们从左到右依次绘制途经的空间领域，每个空间领域包含一组代表其时间片数量的黑色圆点，时间片 T_i 为 3s。如图 3-10 所示即为人们在这段轨迹各个领域的平均停留时长。

3.4.2 一维人因量谱填充

采集相应领域内的人因测度数据，计算各个时间片 T_i 的空间体验任务强度值 ε 。以空间体验任务强度值作为高度，对齐黑色圆点，依次绘制各个时间片的蓝色柱体，如果实际停留大于平均停留时长，则以同等间距绘制超出部分的时间片柱体。

例如在谐趣园中，在部分廊子空间中，被试的实际停留时长远高于平均停留时长，该现象可由各个空间领域柱体和圆点的数量差异直观体现（图3-11）。

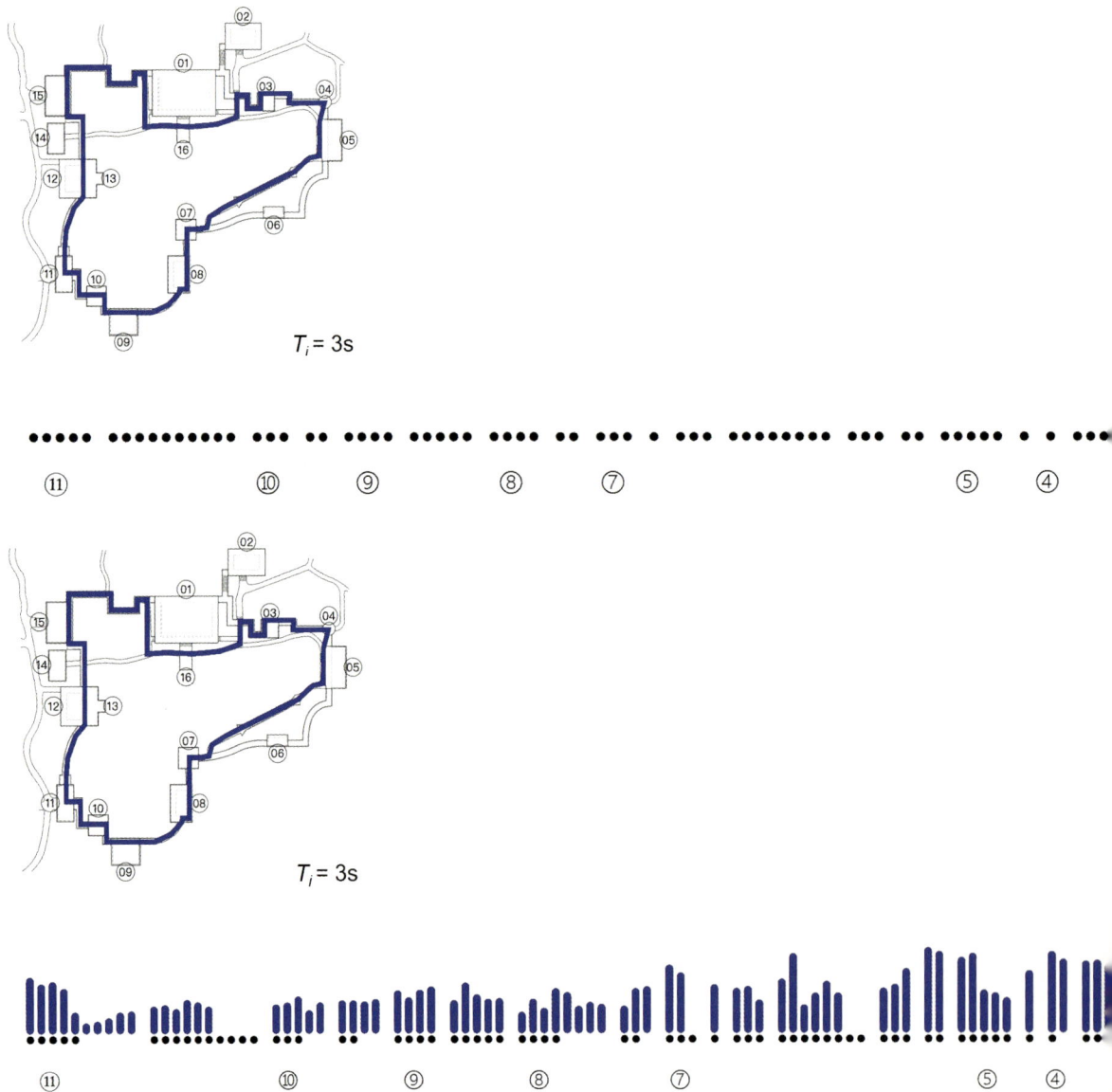

$T_i = 3s$

⑪ ⑩ ⑨ ⑧ ⑦ ⑤ ④

$T_i = 3s$

⑪ ⑩ ⑨ ⑧ ⑦ ⑤ ④

3.5　本章小结

　　本章首先回顾了图解空间体验的历史，在此基础上提出人因量谱作为衔接空间抽象层和体验抽象层的一种图解工具；继而进一步介绍二维人因量谱和一维人因量谱两种形式，包括其各部分的含义、绘制方法和应用场景。

　　简单来说，人因量谱将人因测度数据映射到时间、空间单元上，形成可视的空间体验记录。二维人因量谱以共时的全局视角反映空间样本各领域的体验强度分布，一维人因量谱以历时的"第一人称"视角反映使用者实际游历过程中的体验强度变化。

课后思考题

　　1. 人因量谱有哪些基本组成部分？分别代表什么含义？

　　2. 人因量谱是如何衔接空间抽象层和体验抽象层的？

　　3. 两种形式的人因量谱有何异同？各适用于分析什么问题？

　　4. 尝试结合熟悉的校园空间和具体的体验任务，选择合适的人因量谱形式进行绘制，并应用于具体问题的分析。

图 3-10　谐趣园一维人因量谱线框

图 3-11　谐趣园一维人因量谱填充

第 **4** 章　人因测度

本章编写：谢祺旭　庞凌波　陈昱弘　张　利 *

教学参考要点

① 教学目的：回答"通过什么工具来量化人的空间体验"的
　　问题，并桥接原先认为不可量化的空间体验与当代能够获
　　取到的测度数据之间的关系。

② 主要知识点：早期医学、运动学衡量人心理、生理活动的
　　测度，转移到人在建成空间体验上，分为 4 个群组：感官
　　活动分析、神经活动分析、肌体活动分析、时空活动分析。

③ 内容串接逻辑：本章首先回顾了空间体验从传统认知上的
　　不可量化，到神经美学在量化体验方面的探索；在此基础
　　上将测度基于客观属性分为 4 个群组，展开介绍。

④ 建议学生重点掌握内容：全面了解测度知识；结合学生的
　　个人兴趣点，对 1~2 种测度展开深度阅读和探索。

4.1 背景：从不可测到可测

长久以来，人的空间体验往往被认为难以客观测量。有关空间体验的理论主要依赖个体经验的总结和文字叙述，而将过去认为不可测的要素逐渐变得可测是建筑设计领域科学发展的一个重要方向。

回顾建筑史，借助人体的测量指导建筑与城市设计的尝试贯穿始终。从古罗马时期至 19 世纪，维特鲁威、达·芬奇、阿尔伯蒂等人把人体当作自然完美造物的代表，并将其尺寸关系抽象为数学比例和几何规则，用于解读或指导建筑平面和立面的设计；布隆代尔、乔其奥等则直接以人体形态作为建筑和城市形态的模仿对象，将建筑构件轮廓、平面形式乃至整个城市组成直接拟人化。19 世纪末到 20 世纪，伴随着人体测量学和人体工学的发展，肢体尺寸的应用开始由美学考量转向工程理性。勒·柯布西耶（Le Corbusier）在《模度》（Module）中尝试提出基于"标准人"的通用建筑设计尺寸系统；帕内罗（Julius Panero）和泽尔尼克（Martin Zelnik）在《人体尺度与室内空间：设计参考标准》（Human Dimension & Interior Space：A Source Book of Design Reference Standard）中，借助人体测量学的成果，将人体的统计学特征作为室内空间尺寸设计的依据。如今，以人体工学为指导的建筑、室内和家具的尺寸规范和标准已经是规划设计实践中的重要参考。

20 世纪 60 年代以后，除了静态的尺寸，动态的行为也开始被纳入测量范围。以扬·盖尔（Jan Gehl）为代表的一批学者，开始通过在平面图上标注人的分布位置和移动轨迹，尝试总结空间对人群行为的影响规律。随着移动终端和各类城市空间传感器的发展和普及，这种行为的记录一直延续至今天的基于大规模行为数据的城市空间研究。

不同于直观的人体尺寸和行为测量，人在建成空间中的心理过程无法直接观察。其中，审美体验的测量最具挑战性。审美体验是否可以被客观测量乃至其是否客观存在，是一个长期盘旋在科学和艺术上空的谜团。一部分学者甚至反对将科学应用到审美这类主观过程。但 20 世纪末以来，随着医学、心理学和神经科学的发展，借助客观的生理数据分析空间中的心理过程开始具有可能性。其中，最具标志性的事件是神经美学的出现。借助核磁共振等脑成像技术，伦敦大学学院的泽基（Zeki S）等人[1]成功观测到了与不同感官信息审美过程相关的脑区活动。而针对建筑空间体验，宾夕法尼

---

① ISHIZU T, ZEKI S. Toward A Brain-Based Theory of Beauty [J]. PLOS ONE, 2011, 6（7）: e21852.

亚大学的查特吉等人[①]成功发现了与室内空间审美过程相关的脑区。

这种由不可测到可测的发展变化为空间体验的研究带来了全新的机会，揭示主观体验背后的客观机制开始具备可能性。以音乐审美为例，正是借助以磁共振为代表的一系列脑成像技术，一批学者[②]在过去二十年内实现了对音乐审美过程的客观测量，逐渐揭示了声音频率、音高、节奏等不同属性对大脑的作用机制，以及音乐如何作用于大脑中的奖励系统以产生愉悦感。基于上述发展背景，人因测度这一单元的核心就是如何借助相应工具从不同维度来客观测度人的空间体验。

4.2　感官活动分析

人对建成空间中所有信息的接收过程实际上是两个终端的连接：一个终端是建成物的客观属性端（Distal），这一端的属性是静态的，如白色的墙所具备的客观光学属性；另一个终端是主观接收端（Proximal），这一端的属性是因人、因时、因地动态变化的，如人在不同光线环境下会把某些非白色墙面识别为白色墙面。

如果说传统的关于建成环境的科学研究都集中在描述客观属性端的信息，那么城市人因工程学的工作重点显然更关注主观接收端。而在这里，感官活动分析是我们进行量化分析的基础手段。

感官活动分析主要针对视觉、触觉、听觉、嗅觉。

4.2.1　视觉

视觉分析是目前感官活动分析中最成熟的，也是应用最广泛的。其中，眼动追踪是视觉分析的最主要形式。

人的视网膜里有两种细胞（图 4-1）：杆状细胞和锥状细胞。杆状细胞的主要功能是感知灰度，负责获取相对模糊的明暗关系图像；锥状细胞的主要功能是感知色彩，负责分辨图像的具体细节。在图 4-1 右图所示的视网膜展开图中，锥状细胞集中分布在视网膜中央凹区域，这使得人眼能够识别清晰的区域集中在中央凹 2° 左右。当区域扩大到 5° 时，获取图像的清晰度已经下降到 50% 了。因而，人在真实生活场景中，总是下意识地移动眼球去注视那些令

---

① VARTANIAN O, NAVARRETE G, CHATTERJEE A, et al. Impact of Contour on Aesthetic Judgments and Approach-avoidance Decisions in Architecture [C]. [S. l.]: Proceedings of the National Academy of Sciences, 2013.

② ZATORRE R. From Perception to Pleasure: The Neuroscience of Music and Why We Love It [M]. Oxford: Oxford University Press, 2024.

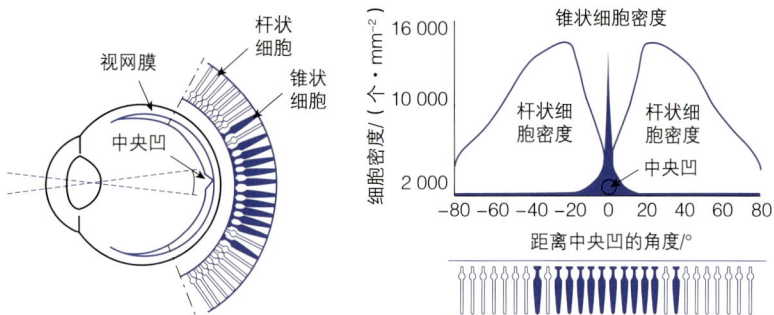

图 4-1　视网膜结构及其细胞分布

人感兴趣的事物，这也正是眼动追踪可以帮助我们发现人对周遭场景注意力分布规律的原因。

眼动追踪最初的应用是网页里用户界面的优化。通过眼动追踪，研究人员发现多数用户在浏览网页过程中存在着 F 模式（图 4-2）（当然这是对于一般从左往右书写的文字而言，对于从右往左书写的文字，如阿拉伯文，这一规律呈现为左右镜像的 Ⅎ 模式）。[1] 以某著名百科网站为例，它曾经以文字量大、信息量丰富著称。在它发展的初期，计算机屏幕主流长宽比为 4∶3，屏幕宽度相对不大，所以网页设计成全屏宽文字段落时，并未影响读者阅读全部文字、获取所需信息的效果。但后来计算机屏幕的主流长宽比变为 16∶9，屏幕宽度有明显增加，网页再设计成全屏幕文字段落时，已经明显影响到读者进行 F 形扫描的覆盖率，大部分读者没有足够的耐心扫描完整行文字，出现了明显的信息传播效率下降现象。

如今，眼动追踪及其所揭示的规律也被应用到新的技术产品开发中。例如，Apple Vision Pro 一方面集成了眼动追踪模块，用于

图 4-2　网页浏览的 F 模式
（图片来源：Nielsen Norman Group）

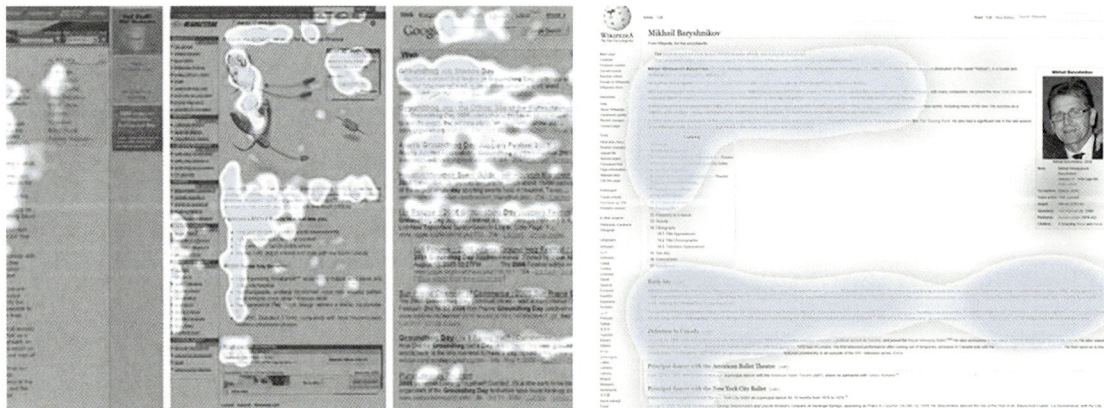

① PERNICE K，WHITENTON K，NIELSEN J. How People Read on the Web：The Eyetracking Evidence [M]. Donver，USA：Nielsen Norman Group，2014.

用户交互过程的输入；另一方面，在面向开发者的交互界面设计指南中，基于视觉注意力的空间分布规律，推荐应用程序将重要信息分布在正前方 30° 视角范围内，整体界面控制在 60° 视角范围内。

对于建成空间，过去我们基于可视范围理解的视觉信息更像是一个环绕在四周的均匀球面。如果我们采集人的第一视角画面（图 4-3），就可以得到图中浅蓝色部分、占比为 46% 的实际视域；如果进一步加上眼动追踪数据，就可以得到深蓝色的聚焦区域。在此过程中，对人视觉注意力的测量精度提升了 5 个数量级。

基于此，把这样的精度与虚拟现实影像结合，为人们提供了一种研究人在城市里视觉注意力分布规律的有效途径。基于 45h 的建成空间步行眼动数据，我们可以注意到时空两个维度上的规律性信息，一个是人在城市空间中视觉注意力分布的相对位置信息，另一个是人的注视时长。

空间维度上，人在城市空间中超过 95% 的注视点分布在左右各 100°，向上约 40°、向下约 20° 的范围内（图 4-4）。[1] 当水平面

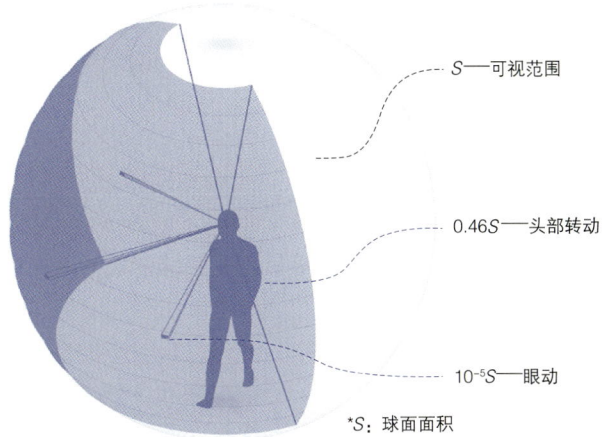

S——可视范围

0.46S——头部转动

10⁻⁵S——眼动

*S：球面面积

图 4-3　不同测度下建成空间视觉感知的测量精度

图 4-4　城市空间视觉注意力分布

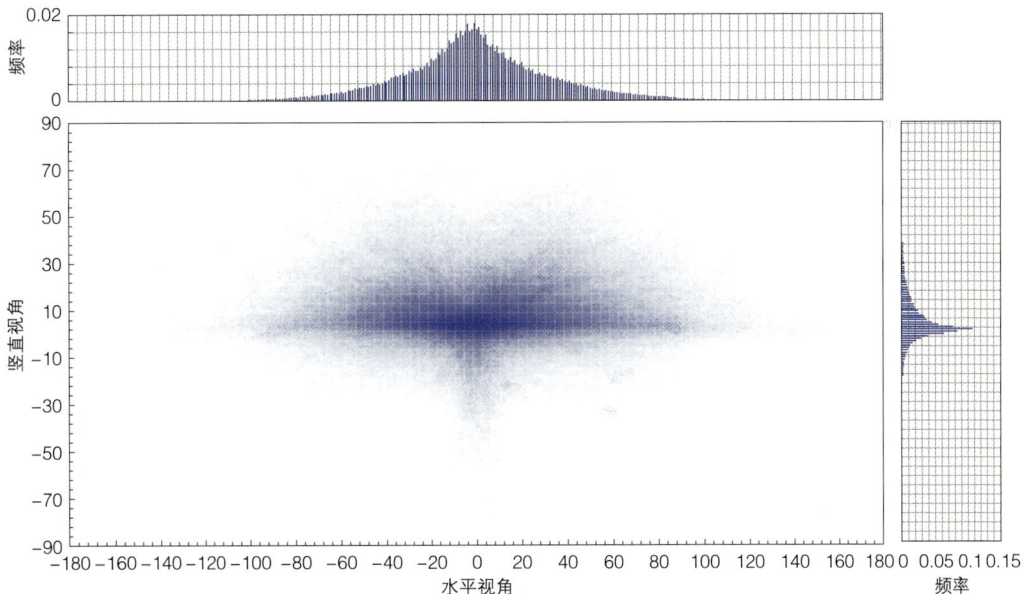

① XIE Q，ZHANG L. Entropy-based Guidance and Predictive Modelling of Pedestrians' Visual Attention in Urban Environment [J]. Building Simulation，2024，17（10）：1659-1674.

视角超过 60° 以后，人们需要借助头部或整个躯体的转动才能看清目标。这就给建筑领域提供了一个非常有用的经验数值，即一般情况下，我们应优先将吸引注意力的设计元素布置在观者主要朝向正前方水平视角 60° 范围之内。

时间维度上，人在城市空间中步行时的单次注视时长均值为 0.62s，中位数约 0.4s。这一时长略大于常见的其他任务中的注视时长，如驾驶汽车时的注视时长约 0.36s，寻路过程约 0.27~0.36s。这与我们的生活经验相符，因为在无任务压力的自由状态下，人们对感兴趣的东西会多看一些时间。

一个值得在这里说明的过程是对原始眼动追踪数据的过滤与分析。原始的眼动数据是传感器每次采样时的聚焦点坐标，它是由两条原点为眼球位置、方向为眼球朝向的射线所求得的焦点的空间坐标（图 4-5）。每次采样的聚焦点可能为注视或眼跳两类活动之一。我们可以通过设置加速度、速度或位置阈值来区分两类活动，以过滤出注视点。例如，使用采样率相对较低（60Hz）的虚拟现实眼动系统时，可以将速度阈值设置为每秒 80°，超过该值为眼跳，反之为注视。而当采样率足够高，例如使用 1200Hz 的屏幕眼动仪时，则加速度阈值是更可靠的过滤手段。得到注视点后，就可以进一步通过高斯滤波将离散的注视点转化为连续的概率分布（图 4-6）。

基于此，人们可以对每一个新的建成空间设计方案可能引发公众的视觉注意力分布进行预测。预测的前提是必须验证人群注视点是否具有共性：人们收集的若干被试的注视点分布数据，是否能代表其他被试的注视分布模式？经过留一交叉验证（Leave-One-Out Cross-Validation），人们发现，被试间相互预测的准确度可以达到 94%。这表明人群的注视点分布具有较高共性，从而为注意力分布

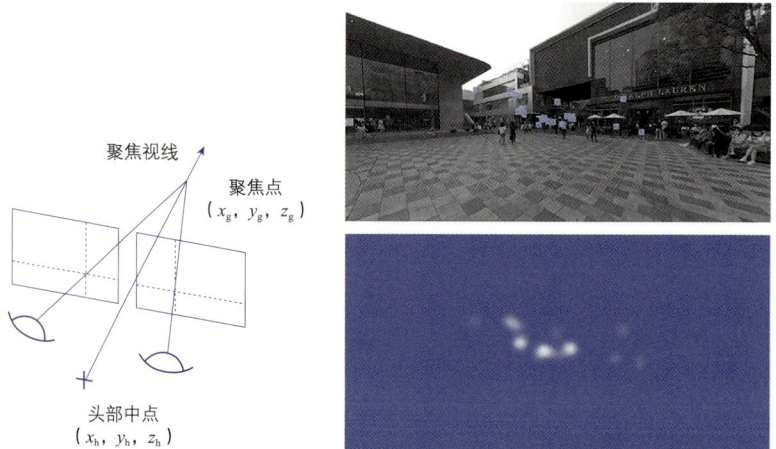

聚焦视线

聚焦点
(x_g, y_g, z_g)

头部中点
(x_h, y_h, z_h)

图 4-5　聚焦点（左图）
图 4-6　高斯滤波处理（右图）

预测的可行性奠定了基础。[①]

　　在缺乏对建成空间使用情况的认知时，眼动追踪可以帮助人们从使用者的"第一视角"初步发现问题，从而为后续引入模拟环境和其他测度来深入分析和解决问题提供基础。以清华城市人因实验室在上海市人民广场地铁站进行的优化改造设计为例，该研究借助现场实验采集的志愿者眼动数据，可以具体分析人们在每个路径决策点关注的视觉要素和提取的视觉信息，从而帮助设计团队成功确认了具有误导性的交叉口和产生相应误导的元素，为后续的模拟环境改造实验提供了具体的优化目标和方向（图 4-7）。

图 4-7　地铁站交叉口的折返行为及对应注视点分布

　　在感官活动分析中，眼动是最通用的测度之一，它帮助人们描述视觉感知过程。适配眼动追踪的采集设备和实验场景广泛，桌面实验、VR 实验、现场实验均可实现。眼动追踪的优势在于数据精度高、可靠性高，但在获取数据的便捷性方面存在局限性。值得注意的是，随着实时引擎的进步，在无所不在的移动终端、平板电脑和桌面终端屏幕空间的非 VR 仿真环境下，获取人群视觉注意力分布也已成为可能。轻质化的视觉分析实验，即用较低的算力消耗在可接受的揭示度前提下覆盖更多的被试人群，是目前发展的一大趋势。

4.2.2　触觉

　　触觉（Haptic）分析是感官活动分析中揭示人与近体环境互动的有效手段。因为重力的原因，人在触觉环境感知方面通过脚（站立行走）、臀（坐）、背（靠和躺）获得的信息占主导地位。

　　皮肤是人体最大的器官。人们的皮肤在接触周遭环境的过程中，存在两种反馈：一种是动觉反馈（Kinesthetic Feedback），是由肌肉和关节随手势、伸展或重量等获得的感知，另一种是触觉反馈（Tacktile Feedback），是由皮肤中的机械感受器（Mechanoreceptor）

---

① XIE Q, ZHANG L. Entropy-based Guidance and Predictive Modelling of Pedestrians' Visual Attention in Urban Environment [J]. Building Simulation, 2024, 17（10）: 1659-1674.

45

获得的感知，提供物体表面纹理、硬度、温度等信息。因而，能够通过外部设置的传感器尽可能精确记录乃至控制人们能够通过触觉获取的信息，是进行触觉分析的前提。

一般认为，能够实现这一目的的传感器有三类：第一类是基于力的触觉传感器，其通过对皮肤和肌肉施加作用力或承受反作用力，从而记录触摸互动的过程；第二类是基于热的触觉传感器，其通过材料热特性令皮肤感到温度变化；第三类是基于神经刺激的触觉传感器，其直接利用施加电流刺激产生伪触觉反馈。

在建成空间界面的触觉分析中，第一类最为适用，其中压感网络（Pressure Sensor Network）是最常用的形式。一些学者用压敏传感器考察床垫受压分布，建立了健康舒适躺卧姿势与接触面压力分布的相关性，进而支持新型床垫产品的设计；另一些学者则将压感网络与地毯结合，用于老年人群摔倒监测、步态估计、轨迹追踪，尝试得到安全地面设计的量化依据。[1] 此外，还有学者将压敏传感器适配到各类形式的近体尺度空间，建立身体压力测量系统，以便更准确地描述自由身体姿态下皮肤表面的受力分布情况。

4.2.3　听觉

听觉分析的主要目的在于揭示人对待确认空间信息的预期（Anticipation）与联想（Association）。对于城市人因工程学而言，更感兴趣的是在人们经验基础上听觉信息与视觉信息的吻合程度。

对视听一致性的研究和分析由来已久。20 世纪 80 年代一组关于"声音对户外环境偏好影响"的调查即关注到听觉信息对视觉环境偏好的作用；自"声景"[2] 这一概念被提出后，环境中的听觉信息对视觉信息感知的影响受到广泛重视与研究，一些发现也逐渐为人们所认识。例如，听觉信息的刺激既可以强化也可以抑制视觉信息的输入；与自然有关的声音，如鸟啼、虫鸣、风声、水声等，通常可以改善视觉感知的体验；当声音和视觉信息一致时，会极大提升人们的空间体验；等等。

2020 年的一项研究[3] 揭示了在城市空间中听觉和视觉信息对空间整体满意度的影响，出乎人们意料的是，听觉信息对空间满意度的影响达到了 24%。研究团队据此形成一种方法，即通过视听信息

① 详细可见 future-shape 官方网站。
② KANG J，SCHULTE-FORTKAMP B. Soundscape and the Built Environment[M]. Boca Raton：CRC Press，2016.
③ JIN Y，HYUN I. Effects of Audio-visual Interactions on Soundscape and Landscape Perception and Their Influence on Satisfaction with the Urban Environment[J]. Building and Environment，2020，169：106544.

感知的建模辅助优化城市空间体验。

在听觉分析中，声音所具有的强度、音色、音调、持续时间等特征，以及声音所传递的语义特征，均可作为测度的基础。

4.2.4　嗅觉

嗅觉（Olfactory）分析在感官活动分析中尚处雏形阶段。相比于视觉、听觉，关于嗅觉的分析一方面缺乏从某一物理特征到感知的映射关系，另一方面气味的化学分子式与其嗅觉感知方面亦充满了不连续性。2023 年，谷歌大脑团队与莫奈尔化学感知中心团队发表在《科学》杂志的一项研究，首次用图神经网络生成了一种主气味图，并能够实现以分子结构有效预测气味。[1] 这为数字化气味模拟奠定了基础。尽管嗅觉分析在建成空间体验中尚无有说服力的应用，但鉴于嗅觉与人的记忆有紧密的直接关系，[2] 故这一方面的潜力值得期待。

4.3　神经活动分析

如前所述的感官活动分析是关注接收端对空间信息的接收过程，而神经活动分析则是关注人对所接收信息的反馈。人们通常所说的人在环境中引发的情绪，就是这种反馈的结果。

神经活动分析的数据主要来自两个部分，一部分来自自主神经系统（Autonomic Nervous System，简称 ANS），包括皮肤电导、心率、皮肤温度及肾上腺素等，另一部分来自中枢神经系统（Central Nervous System，简称 CNS），包括脑电、核磁共振及侵入式脑电等。这里主要介绍自主神经系统的皮肤电导、中枢神经系统的脑电，而对其他的测度仅略作介绍。

自主神经系统是控制人体内部器官、肌肉、腺体活动，以维持生命基本运转的神经系统。一般认为，自主神经系统活动主要是无意识的。[3] 自主神经系统又包含交感神经和副交感神经两类活动，其中交感神经向器官传递兴奋信号，副交感神经向器官传递抑制信号。

① LEE B K, MAYHEW E J, SANCHEZ-LENGELING B, et al. A Principal Odor Map Unifies Diverse Tasks in Olfactory Perception [J]. Science, 2023, 381（6661）: 999-1006.
② DAHMANI L, PATEL R M, YANG Y, et al. An Intrinsic Association between Olfactory Identification and Spatial Memory in Humans [J]. Nature Communications, 2018, 9（1）: 4162.
③ CACIOPPO J T, TASSINARY L G, BERNTSON G. Handbook of Psychophysiology [M]. Cambridge: Cambridge University Press, 2007.

图 4-8　效价—唤醒度情绪模型
（图片来源：改绘自 FELDMAN BARR-ETT L, RUSSELL J A. Independence and Bipolarity in the Structure of Current Affect [J]. Journal of Personality and Social Psychology, 1998, 74（4）: 967-984.）

效价—唤醒度是一种常用的情绪量化模型（图 4-8），它将情绪分为两个基本维度。其中，横轴为效价，即情绪的"正负号"，代表情绪是积极的还是消极的；纵轴为唤醒度，即情绪的"绝对值"，代表情绪积极或消极的程度。

4.3.1　皮肤电导

皮肤电导（Electrodermal Activity，简称 EDA）经常被简称为"皮电"，[①] 是神经活动分析中揭示人情绪唤醒度的主要指标。人的情绪兴奋、紧张都会加大汗腺的分泌，导致皮肤电阻下降、皮肤电导提升，这是一个普遍存在、不因人而异、也不受人自主控制的现象。这一现象使得皮肤电导成为人的情绪唤醒度的一个天然的可靠量度。

皮肤电导用于研究人的主观情绪反应并不是最近才有的事情，它在音乐、产品设计等方面的早期应用为今天在建成空间中的应用提供了很好的启发。通过有效的实验条件控制，皮肤电导可以作为有效的情绪变化检测指标。例如，人听到一些音乐片段时，会产生一种特殊的极度愉悦体验，即常说的"起鸡皮疙瘩"和"头皮发麻"（英文中常见的有"shivers-down-the-spine"或"chill"）。在麦吉尔大学扎托雷（Zatorre R）团队关于该体验的经典研究中，皮肤电导的变化被作为该种主观体验是否产生的客观标志。[②] 通过检测听者的皮肤电导，研究人员有效判别了体验发生的时间窗口，进而成功揭示了音乐在大脑中产生这种愉悦感的神经回路。

一般测量皮肤电导水平时，会将两个电极分别固定在非惯用手食指、无名指第二个关节处，通过施加恒定电压，采集电流的变化情况，进而计算皮肤电导。皮肤电导的变化包含两个部分（图 4-9）：一部分是皮肤电导水平（Skin Conductance Level，简称 SCL），该部分相对比较稳定，用来描述人长时间唤醒水平的变化，其变化以分钟乃至小时为计；另一部分是皮肤电导反应（Skin Conductance Response，简称 SCR），[③] 该部分变化对外界刺激相对敏感，在刺激出现后的 1~3s 内可以观测到皮肤电导水平出现明显上升，并在随后 1~3s 内到达波峰，此后若无新的刺激，则会在

[①] 简称为"皮电"具有一定误导性，其并非皮肤表面的放电现象，而是电导水平的变化，与脑电的含义不同。
[②] SALIMPOOR V N, BENOVOY M, LARCHER K, et al. Anatomically Distinct Dopamine Release during Anticipation and Experience of Peak Emotion to Music [J]. Nature Neuroscience, 2011, 14（2）: 257-62.
[③] BOUCSEIN W. Electrodermal Activity [M]. Berlin: Springer Science & Business Media, 2012.

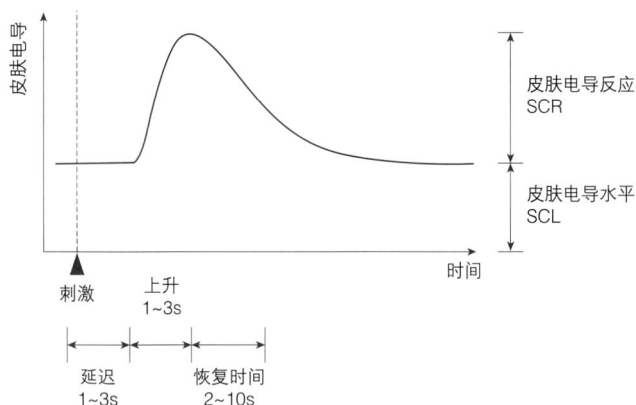

图 4-9　皮肤电导水平与皮肤电导反应

2~10s 内恢复正常水平。^① 借助反卷积计算，^② 可以将原始的皮肤电导数据分解为上述两部分变化。

　　根据具体的研究需要，可以选择皮肤电导水平或皮肤电导反应来量化人对环境内不同信息的反馈。例如，在研究办公或教学等空间中人长时间活动的压力水平时，可以选择皮肤电导水平；在研究城市漫游活动中人对场景瞬时变化的反应时，可以选择皮肤电导反应。

　　哈佛大学团队^③ 关于室内环境对压力和认知表现影响的研究是皮肤电导水平的例子。他们记录了被试在不同现实和虚拟空间中进行认知测试时的多项生理指标，其中包括皮肤电导。借助不同环境下被试的皮肤电导水平变化差异，该研究成功确认了植物环境可以有效降低被试的压力水平。

　　清华城市人因实验室对城市步行空间的情绪唤醒分析是皮肤电导反应的例子。该实验同时记录被试者在虚拟现实中看到的每一帧视频图像和相应的皮肤电导数据，通过分析皮肤电导反应出现的时间窗口，帮助设计师确定城市空间中哪些关键节点会形成有效的刺激，给行人带来情绪唤醒（图 4-10）。

　　如前所述，皮肤电导的高低变化揭示了人的情绪，这是不因人而异的。但实验所采集的人的皮肤电导的绝对数值明显受到个体差异的影响。有的人汗腺更发达，皮肤电导水平会更高，因而在数据处理中去除个体差异，对揭示普遍性规律是必要的。皮肤电导常

① BOUCSEIN W. Electrodermal Activity [M]. Berlin：Springer Science & Business Media，2012.
② BENEDEK M，KAERNBACH C. A Continuous Measure of Phasic Electrodermal Activity [J]. Journal of Neuroscience Methods，2010，190（1）：80-91.
③ YIN J，ZHU S，MACNAUGHTON P，et al. Physiological and Cognitive Performance of Exposure to Biophilic Indoor Environment [J]. Building and Environment，2018，132：255-62.

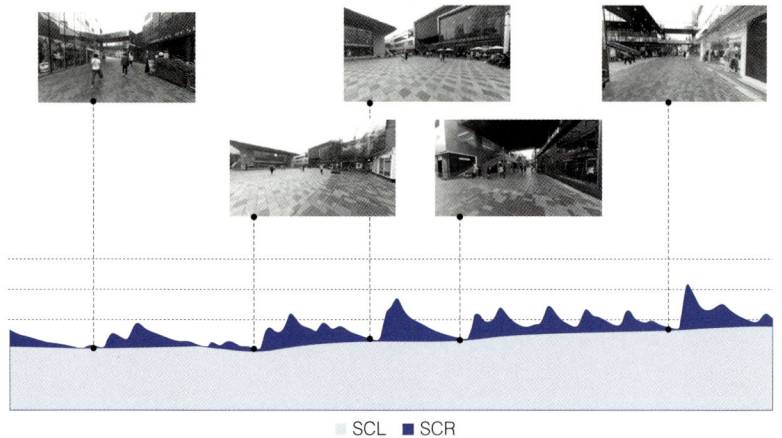

SCL ■ SCR

图 4-10　城市空间步行过程中的空间场景和皮肤电导反应变化

见的数据处理方法有两种：基线法（Baseline）和最大—最小值法（Max-Min）。

　　基线法是以静息状态下个体的基础皮肤电导值作为分母，实验测得的皮肤电导为分子来去除个体差异的方法。基线法数值的实际意义是个体情绪唤醒度在瞬时状态下相较平静状态下的"倍数"，其可靠性是很高的。但是，基线法要求在实验中预先采集个体静息状态的基础皮肤电导，故增加了实验的复杂程度。

　　在很多情况下，静息状态数据无法获取，这就需要用最大—最小值法来消除个体差异。最大—最小值法以实验过程中每位被试皮肤电导的最大值与最小值的差值作为分母，以实测的皮肤电导作为分子。其可靠性不如基线法，但为实验条件不完备的情况提供了可行的备选。

　　与其他的神经活动分析相比，皮肤电导有两个明显优势：一是它的采集设备最为轻便，适用于大部分实验场景；二是它的数据指向单一、明确，直接揭示唤醒度变化。但皮肤电导也存在局限：因不含效价，所以不能完整地描述情绪，需要配合其他测度来共同分析。

4.3.2　脑电波

　　脑电波（Electroencephalogram，简称 EEG）常被简称为"脑电"，是一种使用电生理指标记录大脑活动的方法，在神经活动分析中用于记录人脑活动客观状态的原始数据。在对脑活动的测度中，脑电由于其便携性、价格较低而成为最广泛应用的测度。理论上讲，对脑电的分析应能较为完整地揭示人的空间体验，但在实际应用中由于伦理的限制，大部分脑电都是非侵入式脑电，信噪比较低、空间分辨率较低，故这一潜力尚未得到充分挖掘。

经典的脑电实验范式 [1] 主要包括长时间脑电测量和事件相关电位（Event-Related Potential，简称 ERP）。长时间脑电测量主要关注一段时间内的状态，通常会采集几秒到数十分钟的脑电信号，之后可进行时频分析、功率谱密度分析等。事件相关电位主要关注人对短时呈现的刺激，即"事件"的瞬时反应，一般采集 2s 内的数据，之后进行波幅和潜伏期分析等。

非侵入式脑电的电极主要分为湿电极和干电极。湿电极一般通过导电膏或生理盐水保证头皮和电极接触，其相对干电极信号质量更好，但实验前需要打导电膏、实验后需要洗头，较为不便，通常用于要求高信噪比的精确脑电测量。干电极直接和头皮接触，信号质量相对较差，但准备时间短，因此适用于要求便携性和快速测试的场景。

常用脑电设备一般有 8 导、32 导、64 导等，"导"表示电极数量。一般测量脑电时，按照一定规则放置在头皮上的电极来记录不同部位相对基准位置或整体平均水平的电势变化。以常用的 10-20 脑电系统为例，其中的"10"和"20"分别指电极布置的间隔相对头部整体弧度的比例，即该规则下，电极间隔只选用 10% 或 20%。通过标准的电极布置规则，确保了实验的可重复性（图 4-11）。实验时，可根据感兴趣的脑区选择布置电极的位置。

实际测得的脑电数据包含较多噪声，主要包含以下三类：环境噪声、人体噪声，以及无关脑活动噪声。环境噪声来自环境中的所有交流电用电设备，这些设备均有可能产生电磁场噪声。由于脑电相关的成分主要为 0.5~30Hz、2~200μV 的信号，因此可以以此为阈值进行滤波，过滤掉部分环境噪声。此外，也可以通过在电磁屏蔽室中开展实验来降低环境噪声。人体噪声主要来自肢体活动产生的肌肉电。即使控制了被试的运动幅度，眼动所带来的噪声依然难以避免，目前主要通过放置眼电监测电极的方式加以过滤。无关脑活动噪声难以通过控制实验条件避免，主要通过多轮次的重复实验与信号平均来减小该部分噪声的干扰。

清华城市人因实验室的一项研究测量了人对建筑图像的偏好及其相应事件的相关电位特征。结果发现，当被试观看喜欢和不喜欢的图像时，在特定通道中观察到显著的脑电波幅差异，主要是在枕叶、顶叶和额叶区域。在 0~1000ms 的时间范围内，喜欢的图像的全局场功率更高，表明神经反应更强，大脑参与度更高。溯源定位分析表明，喜欢的图像主要激活左额叶皮层，这一区域在之前的研究中被发现与审美、认知有关；而不喜欢的图像主要激活左枕叶，

---

[1] LUCK S J. An Introduction to the Event-related Potential Technique[M]. Cambridge：The MIT Press，2005.

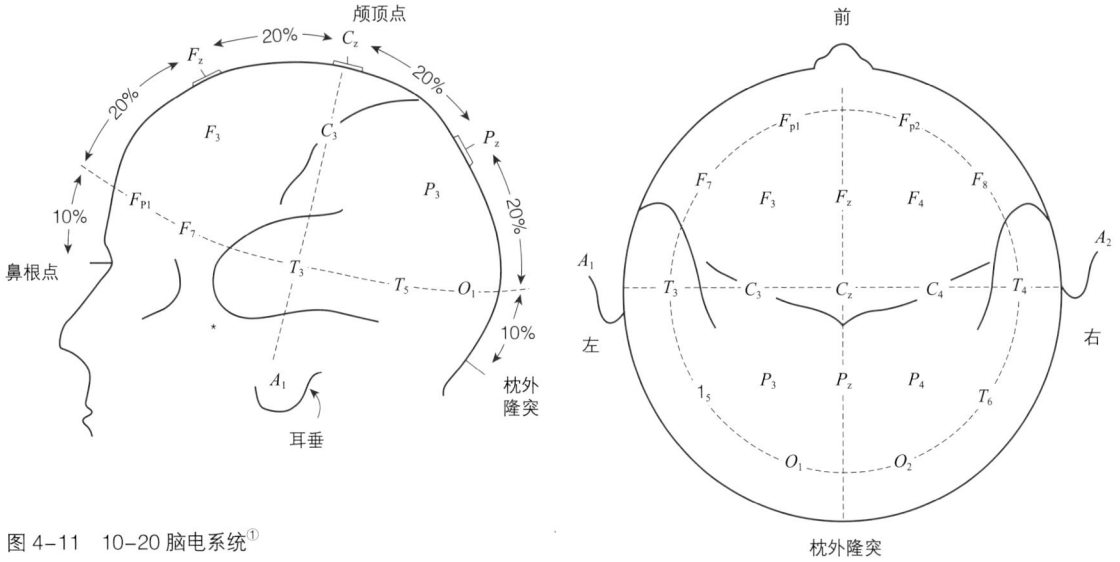

图 4-11　10-20 脑电系统[①]

这一区域主要是视觉皮层。

目前脑电虽然空间分辨率低，但它对神经活动的测量具有极高的时间分辨率，故借此可以验证一些瞬时空间感知过程的存在。这些空间感知过程不仅是对形状、颜色、纹理等基础视觉特征的感知，还可以是对空间潜在的功用——当前通常被称为"可供性"（Affordance）——的感知。例如，杰巴拉（Djebbara Z）等[②]借助事件相关电位，成功验证了环境提供的潜在动作可能性会影响人对空间的感知，在看到建筑第一眼的极短时间后（约 200ms），对该可能性的感知在额叶和枕部的事件相关电位就有显著表现，并不需要动作的实际发生。这为建筑中的可供性理论提供了有力的证据。

与其他的神经活动分析相比，脑电的优势在于两个方面。一方面，它是大脑皮层活动电信号的直接数据，理论上是一种"全息"的数据；另一方面，它的时间分辨率高。但受限于噪声高、空间分辨率低，目前难以有效提取脑电中关于空间体验的全部准确信息，且其对实验的设计和变量的控制要求极高。

①　SAZGAR M, YOUNG M G. Overview of EEG, Electrode Placement, and Montages [M]//SAZGAR M, YOUNG M G. Absolute Epilepsy and EEG Rotation Review: Essentials for Trainees. Cham, Germany: Springer International Publishing, 2019: 117-125.

②　DJEBBARA Z, FICH L B, PETRINI L, et al. Sensorimotor Brain Dynamics Reflect Architectural Affordances [J]. Proceedings of the National Academy of Sciences, 2019, 116（29）: 14769-14778.

4.3.3　其他生理信号

除前述皮肤电导、脑电波以外，还有若干生理测度曾经或有潜力应用于人的空间体验分析。

心率变异性（Heart Rate Variability，简称 HRV）、呼吸频率、皮肤温度、特定激素水平等生理指标是传统心理学和医学上用于衡量人情绪和健康状态的测度，可作为主观评价的辅助。其中，心率变异性、呼吸频率作为自主神经系统的一部分指标，常与皮肤电导配合使用。例如，皮塞洛等人[1] 的研究揭示了综合皮肤电导、心率变异性和皮肤温度可以帮助判别个体的热感觉和舒适状态。激素水平则与人体的健康密切相关，例如褪黑素和皮质醇水平被广泛应用于建筑物理环境对个体节律和健康影响的研究。

在使用各类生理信号量化人的情绪方面，必须提到的是麻省理工学院媒体实验室（MIT Media Lab）情感计算小组（Affective Computing Group）在 21 世纪初所进行的开创性研究。该研究小组由皮卡尔（Picard R）教授创立，[2] 他们尝试通过采集包含脑电在内的多种生理信号，建立统计模型，计算个体的情绪状态。

磁共振功能成像（Functional Magnetic Resonance Imaging，简称 fMRI）通过血氧含量检测大脑的活跃程度。由于其能够以较高的空间分辨率呈现大脑不同部位对感官刺激的反应，因此在测度和研究人的空间体验机制方面潜力巨大。尽管受制于高昂的费用和较高的专业技术条件要求，磁共振功能成像尚未在城市和建筑领域得到广泛应用，但一些前沿的交叉探索已经开始出现。在审美领域，以宾夕法尼亚大学的查特吉为代表，其借助 fMRI 研究人对室内空间的不同主观感受，成功揭示了主观感受与特定脑部活动的关系。在认知领域，以伦敦大学学院的神经科学家伯吉斯和斯皮尔斯（Spiers H）为代表，他们借助 fMRI 探索大脑构建认知地图的机制，成功揭示了人在虚拟环境中探索时的神经活动规律性特征。这些研究为从根源上理解人的空间体验提供了重要依据。

4.4　肌体活动分析

肌体活动分析关注人在空间中的身体活动状态，是从空间体验

---

① MANSI S A，PIGLIAUTILE I，ARNESANO M，et al. A Novel Methodology for Human Thermal Comfort Decoding Via Physiological Signals Measurement and Analysis [J]. Building and Environment，2022，222：109385.

② PICARD R W，VYZAS E，HEALEY J. Toward Machine Emotional Intelligence：Analysis of Affective Physiological State [J]. IEEE Transactions on Pattern Analysis and Machine Intelligence，2001，23（10）：1175–1191.

的角度对"肢体语言"信息的挖掘。肌体活动反映人在所参与的空间体验活动中所处的瞬时状态，根据活动的不同，其反映的具体状态类型也有所不同。肌体活动分析的数据主要来自两个部分：姿势和表情。

4.4.1 姿态

姿态（Posture）一般通过骨架模型来抽象描述人身体各部位的位置和朝向。骨架模型通常以盆骨为根节点（其数据包含三维坐标、朝向），其他关节为跟随移动节点（其数据只包含朝向）（图 4-12）。

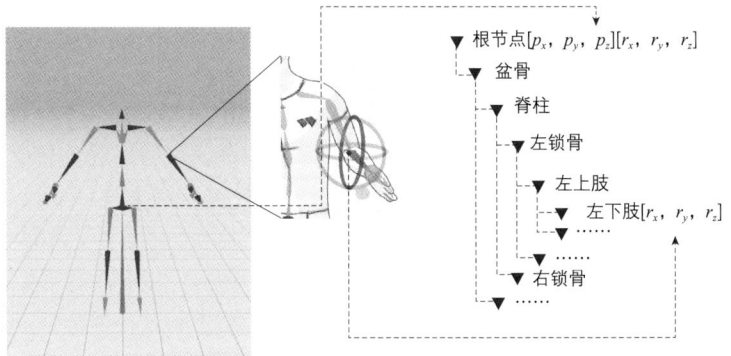

图 4-12　身体姿态数据

姿态数据通过动作捕捉获得，包括影像识别、惯性传感两种技术手段。影像识别使用计算机算法（多数通过机器学习）自动辨识视频影像中一个或多个人体的活动姿态，在实验室环境下也可以通过在关节处布设反光标记点来增加识别的准确度。惯性传感通过在不同关节处绑定加速度传感器采集活动过程中各关节点的加速度，进而借助算法推测各节点的实时速度、空间位置及朝向。

通过影像识别得到的姿态数据无需特殊的穿戴设备，获取相对便捷，故当前在运动科学领域得到广泛应用。例如从 2022 年卡塔尔世界杯开始在足球比赛中推广使用的半自动越位识别技术，借助 26 个不同位置的摄像机影像数据，实现了亚毫米级的关节位置推断。

在空间体验研究中，头部朝向是最值得关注的姿态数据。它包括三个轴向角度信息（图 4-13），分别为俯仰（Pitch）、摇摆（Yaw）和翻滚（Roll）。这个数据可以揭示人与其他人或与周遭环境中景物的互动关系。例如，马克斯·普朗克研究所[1] 主导的一项

① MCCALL C, SINGER T. Facing Off with Unfair Others: Introducing Proxemic Imaging as an Implicit Measure of Approach and Avoidance during Social Interaction [J]. PLOS ONE, 2015, 10（2）: e0117532.

研究通过人群间的头部朝向夹角对社交状态进行了量化建模，进而可以用于评估某个空间内群体社交活动的强度。康奈尔大学研究团队 [①] 还运用头部朝向数据揭示了线上、线下协作模式的差异及其对不同任务效率的影响，发现线下协作时人们扫视四周的概率更大，产生创造性想法的概率更大；线上协作时人们主要注视屏幕上的他人，讨论效率与聚焦程度更高。

随着各种视频采集系统在城市中的广泛应用，姿态数据来源更加丰富，几乎可用于任何场景。但与其数据量优势相对的，是对其所指向的规律性信息的提取及凝练成熟度还不高。

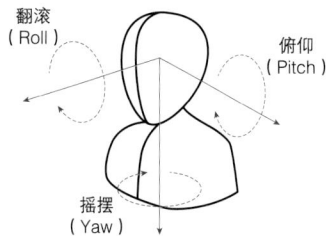

图 4-13　头部朝向数据

4.4.2　表情

面部表情识别（Facial Expression Recognition，简称 FER）一般通过面部肌肉的动作组合状态分析主体的情绪状态。早期的表情数据量化主要借助表情动作编码系统，依赖不同面部肌肉动作的组合来进行表情识别。当前，已可利用基于数据学习的模型，对图片或视频中的面部影像进行情绪分类。例如，常见的分类包含困惑、满意、期待等 6~28 种不同情绪。[②]

由于影像数据来源广泛，故借助面部表情识别可以开展大规模样本的情绪状态研究。例如，加州大学伯克利分校的研究团队 [③] 收集了来自 144 个国家、600 万段视频、1900 多类的现实生活场景进行了表情的跨文化研究，揭示了不同文化人群在类似场景中出现类似表情的规律。这一研究方法未来也可以推广至空间体验的研究中，即借助大规模的数据挖掘特定空间变量对情绪状态的影响。

随着社交媒体、线上会议等的日益盛行，蕴含清晰的面部影像视频数据越来越丰富，这为以后大规模的应用提供了良好的基础。但同时，对表情的精准识别与解释水平还有待进一步提升。

4.5　时空活动分析

时空活动分析与前述的三类人因分析不同，它更接近于传统建筑学与规划学中对人的活动分析，即把人抽象成质点，采集并分析

① BRUCKS M S, LEVAV J. Virtual Communication Curbs Creative Idea Generation [J]. Nature, 2022, 605（7908）: 108-112.
② SAJJAD M, ULLAH F U M, ULLAH M, et al. A Comprehensive Survey on Deep Facial Expression Recognition: Challenges, Applications, and Future Guidelines [J]. Alexandria Engineering Journal, 2023, 68: 817-840.
③ COWEN A S, KELTNER D, SCHROFF F, et al. Sixteen Facial Expressions Occur in Similar Contexts Worldwide [J]. Nature, 2021, 589（7841）: 251-257.

其时空运动的轨迹。

时空活动分析包含三种数据类型：第一，宏观的群体分布数据，可以来自手机信令、大范围的公共视频采集影像或群体社交媒体数据，一般只包括区域型定位；第二，中观的群体 GPS 信号、文旅体育休闲 APP，包含覆盖区域内的定位及运动轨迹；第三，微观的室内公共场所各类电磁波信号所采集的精准轨迹数据，以及在待建空间的仿真环境中所采集的轨迹数据。

时空活动分析可用来评估特定空间场所在激发人的活动方面的潜力，它为前述三类分析提供了"容器"，也是衔接传统的相关研究与当前的城市人因研究的有效环节。

随着移动终端的发展和普及，GPS 数据在过去 15 年逐渐成为城市空间研究重要的数据来源。例如，MIT 可感知实验室（MIT Senseable City Lab）利用 GPS 数据，量化了波士顿地区人实际选取的路径相较最短路径的偏离，构建了街道的步行吸引力指标，并在此基础上分析了可能对街道吸引力产生影响的设施和空间要素。[1]

除了实际空间中的时空活动，仿真环境内的轨迹数据同样也能够分析人在空间中的行为模式。借助仿真环境，一方面可以获得统一场景的大规模实验数据，以揭示一般性规律；另一方面可以在设计阶段提前模拟人在待建空间中的漫游行为。例如，伦敦大学学院的斯皮尔斯等人借助全球 38 个国家近 40 万人的游人寻路轨迹数据，揭示了成长环境的街道结构对人空间寻路能力的影响；[2] 清华城市人因实验室在海淀三山五园艺术中心设计过程中，将方案以虚拟现实的形式提前向公众开放，获取了近 4000 条的轨迹数据，成功模拟了未来空间使用过程中，人群在自由状态下的分布模式，为布展和景观节点的设计提供参考。

虽然与前述三类人因分析相比，时空活动分析更接近于传统研究方法，但它在空间场所相关性方面所具有的优势会使其长期发挥作用。

4.6 本章小结

本章首先从历史上空间体验不可测量的传统认知引入，回顾了从 20 世纪 60 年代以来在量化空间审美方面的突破，特别是神经美

---

① SALAZAR M A, FAN Z, DUARTE F, et al. Desirable Streets: Using Deviations in Pedestrian Trajectories to Measure the Value of the Built Environment [J]. Computers, Environment and Urban Systems, 2021, 86: 101563.

② COUTROT A, MANLEY E, GOODROE S, et al. Entropy of City Street Networks Linked to Future Spatial Navigation Ability [J]. Nature, 2022, 604（7904）: 104–110.

学的出现，这种由不可测到可测的发展变化为空间体验的研究带来了全新的机会。随后，本章从感官活动、神经活动、肌体活动、时空活动 4 个群组展开，详解了如何借助相应工具从不同维度来客观测度人的空间体验。

课后思考题

1. 相较主观经验，人因测度带来哪些方面的增益？相较在场观察和问卷访谈数据，人因测度数据有什么特点？

2. 空间体验中最难以被客观测量的部分是什么？你认为未来有望通过什么技术的发展取得突破？

3. 选择 1 种你最感兴趣的测度，检索和阅读近 3 年的文献，综述该测度应用于建筑设计及研究领域的最新进展。

4. 结合自己此前做过的城市或建筑设计，分析设计过程中存在哪些难以通过主观经验解决的问题，并借助本节所学习到的人因测度，建立相应的量化指标帮助解决该问题。

第 5 章　识别任务

本章编写：庞凌波　谢祺旭　张　利*

教学参考要点

① 教学目的：回答"如何量化人通过感官活动获取建成空间信息的获取与认知"的问题。

② 主要知识点：识别任务的三要素，即对象、可关联性和可感性；识别任务的测度；识别任务强度值的计算公式。

③ 内容串接逻辑：本章首先介绍在自然环境、城市、乡村的建成空间中识别任务存在的普遍性，随后介绍识别任务的定义、要素，历史上对识别任务的研究，以及城市人因工程学提供的对识别任务的研究工具和应用案例。

④ 建议学生重点掌握内容：了解识别任务与传统意义的"标志性建筑"营造的区别，熟悉识别任务的测度方法；结合学生兴趣，对校园内某 1~2 种识别体验进行深入研究。

5.1 识别任务的普遍性观察

"远上寒山石径斜，白云生处有人家。"（杜牧《山行》）

"姑苏城外寒山寺，夜半钟声到客船。"（张继《枫桥夜泊》）

"无可奈何花落去，似曾相识燕归来。小园香径独徘徊。"（晏殊《浣溪沙》）

视觉、声音、气味信息往往是人们脑海中对一个空间场景记忆的最鲜明部分。独特的感官信息是空间场所具备识别性的必要条件。人们在建成空间的体验中，不论是来自近景、中景还是远景的独特感官信息，都会参与特定场所识别性的建构及对识别性预期的验证，并成为影响体验质量的关键组成部分。

一个房间、一栋建筑、一座园林乃至一座城市的主人，都会希望他的建成空间中具备脍炙人口的元素而使其盛名远扬。类似的，一名房间、建筑、园林或城市造访者，也期待在造访的建成空间中通过特殊的元素留下难忘的记忆。构成这些难忘记忆的，是发生在建成空间中的识别。它是编织建筑文化叙事的前提，是古今中外所有城市建设者的优先关注之一，亦是普遍存在的人对建成空间的深层需求。

有趣的是，跨越了古典和现代建筑史的很长一段时间以来，不论是规划师、建筑师还是城市管理者，都容易把发生在建成空间中的识别狭义地理解为标志性建筑物的营造，简单地追求甚至是攀比更大、更高、更奇特。事实上，识别任务远不止是标志性建筑，而是与空间场所文化背景相吻合的创造性的感官信息的提供。过去，识别任务难于量化，对其完成状态的分析多停留于对标志物印象的主观描述上，易形成对大、高、奇特的建筑物形象的片面追求；今天，不同感官信息的接收和认知都可以被准确测量，从视觉注意力分布到大脑对气味的处理过程，[1] 到大脑对旋律和语音的识别过程，[2] 再到认知地图的形成过程，都能运用眼动追踪、脑成像等技术手段加以记录。因此，基于实验结果有的放矢地迭代特定感官信息的营造，走出大、高、奇特的误区应成为城市更智慧、更可持续建设的必要途径。

对这一空间体验的研究，得到了历史上建筑学家们持续的关注。帕拉第奥引入了对纪念碑的适宜观察距离的探讨。城市理论家凯文·林奇试图以主观数据为基础，把人们对城市的印象抽象为一

① YE Y, WANG Y, ZHUANG Y, et al. Decomposition of an Odorant in Olfactory Perception and Neural Representation[J]. Nat Hum Behav, 2024 (8): 1150-1162.

② ALBOUY P, et al. Distinct Sensitivity to Spectrotemporal Modulation Supports Brain Asymmetry for Speech and Melody[J]. Science, 2020, 367: 1043-1047.

套可识别物系统的组合。21 世纪初，城市设计师胡安·布兹盖茨在阿尔多·罗西的类型学基础之上，增加了特定的空间结构可能存在的对场所识别性的贡献。

很明显，识别任务是建成空间研讨的一个历久弥新的永恒话题，自然也成为城市人因工程学空间体验的四个基本任务之一。

5.2　识别任务定义

识别，Identification，指人对建筑物、标识、空间形态、声音、气味等感官刺激对建成空间信息的获取和认知。识别任务主要关注的是如何利用建成空间所带来的感官信息，强化人们对空间体验的深刻记忆。

在宏观尺度上，人们可在城际交通工具上通过视觉识别城市的整体形象和重要标志物。例如乘坐游轮逐渐靠近纽约曼哈顿岛时，以自由女神像主导的曼哈顿天际线造就了人们对这座城市的整体印象。在中观尺度上，人们以街道、河湖、广场等提供的距离引导，通过视觉和听觉识别重要的城市节点。例如人们在途经香榭丽舍大道后，来到由星形广场衬托下的凯旋门前，这一由城市主干道引导的空间序列，帮助人们建立对凯旋门作为城市节点的识别。在微观尺度上，建成空间的细节成为看得见、听得到、闻得着的多模态感官信息，例如银锭桥边的柳枝飘摇、入夜后什刹海边酒吧的揽客声、裹着各类烧烤小吃的油炸香……人们识别过程的形式更为多样化，识别的结果也拥有更丰富的层次。

识别任务包含三个要素：对象（Entity）、可关联性（Relatability）和可感性（Visibility）。

对象指存在于建成空间中、可成为独立记忆点的形状、比例、线条、色彩、旋律、节奏、音色、气味等的组合。人们习惯于把容易记忆且辨识度高的元素从环境的感官信息中分离出来，简化并封装成可再现的构成。例如，埃菲尔铁塔经常被简化表现为垂直放置的两条大半径圆弧与水平放置的一条小半径圆弧的组合（图 5-1）。而涉及北京社区的京味儿文化生活时，经常用票友的西皮、二黄调门来代表。

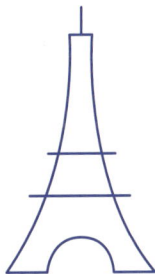

图 5-1　埃菲尔铁塔的抽象表示

可关联性指对象所代表的价值被体验者认可的程度。通常情况下，对象所传递的建筑空间的价值信息越得到体验者的认同，其可关联性就越高。单纯来自对象的关联会产生空间体验预期，给体验者带来希望身临其境验证预期的驱动。例如，埃菲尔铁塔所传递的关于巴黎城市生活的信息在世界上得到广泛认同，因而其对象对大部分体验者而言关联性很高。很多通过明信片"结识"埃菲尔铁塔的人，在到达铁塔脚下时，都会体会到由预期确认而带来的满足感。伊斯坦布尔的猫与游客互动时发出的叫声，传递了城市中人与动物的共生状态，也具有很高的可关联性。

可感性指将对象从周遭环境中分离出来的容易程度。对象与周遭环境的对比越强，背景对前景的衬托效果越好，其可感性就越高。例如，巴黎城市中除蒙帕纳斯大厦（Montparnasse Tower）等极少数高层建筑外所保持的整体形态的水平性，这几栋高层建筑与市中心的距离，以及本身形态的相对简单，都突显了埃菲尔铁塔的地位，也使其成为世界主要城市中可视性最强的地标之一。又如，因其音高和音色的特征，京胡的声音更容易从环境中被分辨出来，因而也成为可感性最高的京味儿声音信息。

5.3　识别任务强度

识别体验可从对不同感官信息分配的注意力及其感知持续时间来判别和量化，其计算公式如下：

$$\varepsilon = \frac{1}{T \cdot N} \sum_{i=1}^{M} \sum_{j=1}^{N} E_j T_i \qquad (5-1)$$

式中　ε——识别任务强度值；

　　　T_i——采样时间间隔；

　　　E_j——第 j 个个体是否对特定对象分配注意力，取 {0，1}；

　　　T——采样总时长；

　　　N——总人数；

　　　M——采样总次数。

人在城市空间中对特定信息的识别往往伴随着驻留行为的出现。针对声音信息，特定声源的声场衰减半径内的停留可作为持续感知的标志，其持续时间即停留时长；针对气味信息，特定气味源传播范围内的停留可作为持续感知的标志，也可用停留时长计算持续时间；[①] 针对视觉信息，其识别则有更加精确的测量手段，注意力分配的有无可以通过是否发生注视进行判断，其持续时间即注视时长。通常在城市空间中，步行状态下的单次注视时长的均值在0.3~0.6s。

5.4　历史上对识别任务的研究

在建筑历史中，对识别任务的关注由来已久。意大利文艺复兴时期最重要的建筑师之一帕拉第奥（Andrea Palladio）在《建筑四书》（*I quattro libri dell'architettura*）中详细讨论了建筑布局、比例

---

① 相比于视觉和听觉信息，嗅觉信息数字模拟基础薄弱，研究进展尚未达到结论水平。

对人识别空间造成的影响，其中第一书的第十三章中仔细论述了柱子的鼓起与收分、柱间距、柱枋的尺度比例，特别是柱子长细比等与其所在空间大小之间的关系。帕拉第奥回顾了古罗马建筑师维特鲁威（Marcus Vitruvius Pollio）对柱子造型的相关描述，指出柱子中下部的鼓起与靠近上端的收分，都会让人感到柱身更为高耸。同时，帕拉第奥还进一步生动描绘了不同粗细的柱子处于不同大小的空间会给人迥异的观感：细柱处于宽阔的空间，柱间空隙过大，看起来会更加纤细无力；粗柱处于狭窄空间，柱间过于紧凑，看起来会臃肿、不够美观。[1]

《建筑理论：从文艺复兴至今》（*Architectural Theory：From the Renaissance to the Present*）一书提到法国建筑教育家、建筑师布隆代尔（Jacques-François Blondel）关于"建筑的隐喻"的主张。他提出，建筑设计应当理性反映预期用途和内部形式，并将语言描述、对人体比例和人类精神的认识运用到建筑上，甚至将梁、柱与帕拉第奥等人的面部特征对应，说明其比例关系。这是典型的识别任务。[2]

瓜里诺·瓜里尼（Guarino Guarini）在《民用与一般通用建筑设计》中特别谈到了有清晰几何逻辑（受到对称及尺规作图法限定）的建筑意象对观察者造成深刻印象的能力。在维罗纳圣尼科洛教堂的神龛及都灵圣洛伦佐教堂的穹顶设计中，他的这些理论都变成了现实，也确实成为被一般非建筑人士所注目的空间形象。

1943 年，乔斯·卢斯·赛特（Jose Luis Sert）、莱格尔（Léger F）、吉迪恩（Giedion S）在《纪念性九点》（*Nine Points on Monumentality*）一文中，于第八点和第九点详尽阐述了通过视觉形象感知让纪念性建筑深入人心的法则，例如前面的引导空间、距离、树木植被等衬托性环境的烘托，开放空间应具有的基本尺寸，建筑本身材料、色彩、光线对形成建筑形象构图的作用等。

20 世纪 50 年代的城市理论家凯文·林奇在《城市意象》（*The Image of the City*）中借助主观问卷访谈和认知地图的方式，尝试将城市中可识别的对象扩展到由标志物、节点、边缘、街道、区域等构成的可识别物系统，并以此方法来评估人们印象中城市局部的好坏。

阿尔多·罗西（Aldo Rossi）从建筑形态学和类型学的角度出发，认为城市具有可识别特征。在此基础上，21 世纪初，胡安·布

---

[1] PALLADIO A. The Four Books on Architecture[M]. Cambridge：The Mit Press，2002：18-19.
[2] EVERS B, THOENES C. Architectural Theory：From the Renaissance to the Present：89 essays on 117 treatises[M]. Cologne，Germany：Taschen，2003：296-298.

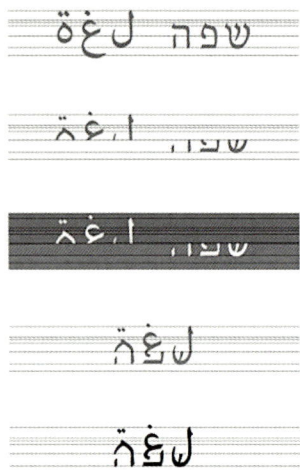

图 5-2　Aravrit 新字

斯盖茨（Joan Busquets）在《城市设计的十种法则》（*Cities: X Lines*）中，分析了街道、广场、公园等城市空间的布局和配置形成的特定城市空间结构，认为它们与罗西的建筑类型学结合有助于营造特定的场所感，形成城市场所识别性。

艺术家、城市标识设计师 Liron Lavi Turkenich 创造的一种名为 "Aravrit" 的新字，由希伯来文与阿拉伯字母上下组合而成（图 5-2），在 2020 迪拜世博会、伦敦设计博物馆，以及超过 63 个国家和地区的学校和社区中得以应用，体现了犹太教人与穆斯林之间的跨宗教友好和融合的文化价值取向。

不仅是建筑与城市设计界，心理学界也一直对人的识别深感兴趣。例如，在格式塔心理学中提出的完形法则，给出了人为何能够将一些形式从环境或背景的衬托中剥离出来的原理假说；心理学家克里斯托弗·查布里斯（Christopher Chabris）和丹尼尔·西蒙斯（Daniel Simons）在《看不见的大猩猩》（*The Invisible Gorilla*）中关注到人在空间中分配注意力时具有高度的选择性，并揭示了这种选择性受到主观目的影响的规律。

系统性地研究视觉信息识别并应用于城市空间设计是近期才兴起的发展。有学者基于全景视频眼动数据集和深度学习网络对视觉注意力进行预测建模，实现了城市空间界面视觉注意力分布的准确预测，并应用于环湖步道设计的决策过程；[①] 也有学者运用眼动追踪技术探究了空间深度、专业背景、空间元素占比等因素在历史文化街区中视觉感知的影响，进而提出提升历史文化街区中识别体验的设计策略；还有学者试图通过视觉信息识别提取关键古建筑空间元素，以服务于数字化遗产复原设计过程；等等。

5.5　识别任务案例

5.5.1　承德"外八庙"·普乐寺

承德"外八庙"的修建跨越了清代康熙与乾隆年间，这一寺庙群建设旨在通过顺应蒙、藏民族信奉佛教的习俗，稳固清廷的统治地位。宗庙建筑中有著名的"伽蓝七堂"的说法，即寺庙建筑群中必备的 7 种建筑，通常包括佛塔、大雄宝殿、经堂、钟鼓楼、藏经阁等一系列中轴对称的殿宇。在承德"外八庙"中，普乐寺是尤为特别的一例，其在藏传佛寺基础上融入了汉族人更为熟悉的寺庙形式，以山门、天王殿、宗印殿、旭光阁等在中轴线上排布而成（图 5-3）。

---

① 张利，朱育帆，谢祺旭，等. 人因分析在北京冬奥会首钢滑雪大跳台"雪飞天"设计中的应用 [J]. 世界建筑，2022（6）：38-43.

在图 5-3 的最上方能够看到承德著名的磬锤峰，这是一块天然的怪石，以垂直的方式立在地面上。位于磬锤峰西面的普乐寺通过与磬锤峰之间的轴线关系，在这组建筑群内营造了一种独特的识别性，而它本身对汉、藏建筑形式的选用，又蕴含了民族融合的意义，二者共同构成了希望传递给公众的空间抽象层信息。当人们到达现场时，首先可以识别的是普乐寺几进院落与磬锤峰之间清晰的轴线关系；其次由山门进入，沿空间序列前行的过程中，又能体会到由重檐歇山顶转向藏式圆顶所传递的可识别性，从体验抽象层留下深刻印象，最终达到文化意义的彰显目的。

5.5.2　都灵奥运步行桥

都灵奥运步行桥是 2006 年都灵冬季奥运会城市建设项目的一部分，它跨越铁道线，将林格托商业综合体（Lingotto）和曾经衰败的住宅区连接起来。该项目的目的是通过冬季奥运会这一标识性事件，让欠发达的城市区域能够获得相对发达城市区域的资源输入。除了将奥运村建筑群放置在住宅区内，以获得地产开发上的经济收益之外，都灵奥运步行桥通过其识别性形象也促进了这一目的的实现。

都灵奥运步行桥具有一个 69m 高的红色拱门，由斜拉伸结构进行支撑，作为奥运村与其周边住宅区的"大门"（图 5-4）。该步行桥不仅因其相对高耸的体量能够在很远的地方被看到，而且也为桥上的行人提供了特殊的框景。从林格托商业综合体向奥运村方向走，能够看到红色拱门框定了奥运村的前广场、都灵的传统街道肌

图 5-3　普乐寺与磬锤峰的轴线关系（左图）
图 5-4　都灵奥运步行桥（右图）
（图片来源：引自 HDA Architect & Engineer 工作室）

理及背后的阿尔卑斯山脉（图5-5），从而吸引在商业综合体的人们走过步行桥，到访奥运村区域。从反方向看，步行桥正对着林格托综合体屋顶的菲亚特家族直升机停机坪，强化了城市工业记忆在空间上的表达。林格托综合体由原菲亚特工厂改造而来，代表了都灵曾作为意大利北部工业重镇的历史。都灵奥运步行桥将工业遗产和奥运会这两个重要的城市记忆串联起来，并通过拱门增强它们的可识别性，从而使人们对该区域留下深刻印象，达到激活衰败区域的目的。

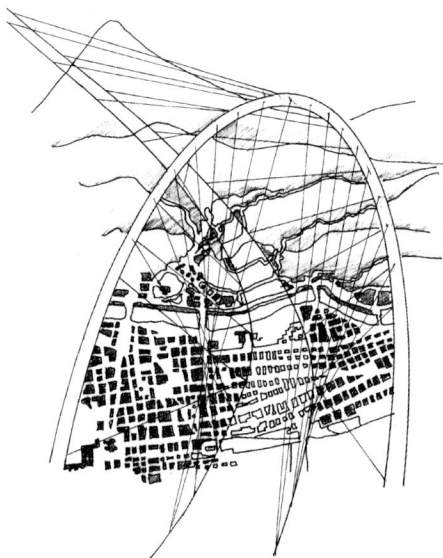

图5-5 拱门与奥运村及阿尔卑斯山脉关联
（图片来源：引自 HDA Architect & Engineer 工作室）

5.5.3 金昌文化中心

金昌文化中心的建成时间早于城市人因工程学框架成型之前，其设计过程中并没有城市人因工程学方法的助力。但是因为金昌文化中心在建筑上最主要特色的来自其独特的、获得广泛认同的西南立面（图5-6），所以它也不失为一个研究案例，可以帮助我们分析在传统的建筑作品中，识别任务是如何得以完成的。

金昌文化中心的建筑空间组织逻辑非常简单，是由一条内街在一侧以直线串联展览馆、图书馆和群众文化馆3个功能区。人们在使用建筑时，也是按照这个逻辑到达相应的功能区，空间抽象层与体验抽象层不存在矛盾。

建筑主立面朝向西南，其后就是内街，与城市主街建设路平行。为适应当地干冷气候，日间蓄热并避免黄昏时西晒，这一立面由一系列南向玻璃幕墙段和西向的实墙段交替组成（图5-7）。幕墙

图 5-6　金昌文化中心西南立面

图 5-7　玻璃幕墙与实墙的对比

段的倾斜和实墙段的斜边形成了一种非常易于记忆的视觉形象，与当地戈壁山脉常年风化而成的顶平侧皱的形态高度吻合（图 5-8）。

　　建筑建成后迅速获得地方公众认可，也在行业界获得了重要奖项。不论是专业还是非专业人士，都对建筑主立面的识别性非常认同。在今天看来，金昌文化中心主立面能够给人以深刻印象，设计创意固然起到了关键作用，但周边环境为建筑提供的可视条件也是重要因素，它为识别任务的完成提供了保证。

　　首先，建设路走向为从东南向西北、与正交网格夹角约成45°，人流和车流的主要来向是自东南向西北，这就让主立面在一

图 5-8　与山脉肌理的呼应

天大部分时间内都被阳光清晰刻画，玻璃幕墙与实墙交替的效果
以增强的方式进入到达者的眼帘。其次，建筑主立面长约 90m，
大部分高在 20m 以下，距建设路边约 70m，距东南和西北两侧相
邻建筑都在 20m 以上。对大部分经过建设路的行人而言，建筑拥
有较长的无遮挡暴露时间，在视穹中所占的水平视角约 40°，垂直
视角约 10°，基本位于常人凝视集中区域，易于注视行为的发生。
建设路车行交通流量较大，车速较慢，上述的对行人注视行为的
引发很大程度上对车上的乘客也成立。上述两点助力了"识"的
完成。再次，对于熟悉金昌的人而言，建筑主立面的光影与几何
特征无需附加解释，即可令人联想到当地的山脉。这一点推动了
"别"的完成。

5.6　本章小结

本章首先介绍了在自然环境、城市、乡村的建成空间中识别任
务存在的普遍性。其次，给出了识别任务的具体定义，说明识别任
务的 3 个关键要素；解析了识别任务体验的判别及强度计算方法；
梳理总结了历史上对识别任务的研究，以期为当下的实证研究带来
启发。最后，基于 3 个案例，为如何在建成空间干预过程中深入理
解识别任务提供理论解释与应用工具。

课后思考题

1. 根据你的理解，谈谈如何区分识别任务的目的与标志性建筑
设计的不同？

2. 哪些人因测度可以用于识别任务的分析？选取其中一种，结合文献阅读，说明该测度是如何描述识别任务强度的。

3. 结合个人兴趣，自选一座城市，分析其中代表性的识别体验的形成过程。然后自选一个建筑案例，分析其识别任务是如何完成的？

4. 结合你的一项设计课程作品，分析若为了提升其识别任务的体验强度，可以怎样设计和进行实验？可以如何改进设计？

第 **6** 章　漫游任务

本章编写：陈昱弘　叶　扬　张　利*

教学参考要点

① 教学目的：回答"如何量化人以去往、健身或休闲为目的的自主慢行活动"的问题。

② 主要知识点：漫游任务的"公共汽车路线"（路径—节点）模型；漫游任务强度值的计算公式。

③ 内容串接逻辑：本章首先介绍城市建成空间中漫游任务的主要类型，随后介绍漫游任务的定义、"公共汽车路线"（路径—节点）模型，历史上对漫游任务的研究，以及城市人因工程学提供的对漫游任务的研究工具和案例。

④ 建议学生重点掌握内容：熟悉节点的判定标准及测度方法、漫游任务强度值的计算方法；结合学生个人熟悉的一种慢行行为（如跑步、骑自行车等），对校园内常见的漫游任务进行深入研究。

6.1 漫游任务的普遍性观察

在城市建成空间中，人通过步行、慢跑、骑自行车或平衡车等代步工具慢速移动，是最常见的生活行为，漫游任务的普遍性是无需赘述的。

按照这种慢速移动行为发生的目的，漫游任务可以分为三种：以去往为目的的、以健身为目的的、以休闲观览体验为目的的。

在以去往为目的的漫游任务中，"去"是关键。行为的起止点与行为完成的效率是远重于其他变量的因素。例如在学校的上午课程结束后，学生们离开教室骑车或步行前往食堂的行为，就是一种典型的"去"的漫游任务。学生们为了尽快到达食堂，会有多种不同的路径选择，而这些路径选择的依据多是为了回避更大的交通流，而不是为了获得沿途的空间体验。可以看到，这种漫游任务的研究与交通研究中对人流组织问题是有重叠的。但值得注意的是，交通研究对人流组织的关注更多是自上而下的统计学规律，而城市人因对这种"去"漫游任务的研究则更多关注自下而上的个体差异规律。

在以健身为目的的漫游任务中，连续的、匀质的体能消耗是关键。任何一个"城市跑者"都会更倾向于选择能让健身慢行活动在整个健身时间段内连续不断的场所。这种场所通常被认为是健身慢行友好性或体育休闲友好性（Sports-friendly）的。对健身慢行者而言，慢行路径不受其他交通类型干扰的最大连续长度、运动承载界面的均匀性及其沿线的环境健康条件是更重要的因素，景观、视线等为次要因素。城市规划者和建筑师在试图为城市提供运动友好的慢行场所时，必须意识到这些特征的存在。

在以休闲观览体验为目的的漫游任务中，人们通常所说的"逛"是关键。此时起止点、效率等退为次要因素，漫游路线选择的丰富程度、漫游路线是否可闭环、节点分布的合理性、节点的吸引力等成为关键因素。常见的此类漫游任务有在文旅目的地逛景点、在博物馆（博览会）逛展厅（展馆）、在购物中心逛街等。

6.2 漫游任务定义

漫游（Navigation），指人在建成空间中基于对环境的认知所完成的以去往、健身、休闲观览体验等为目的的自主慢行活动。漫游任务是一种变量丰富的行为，其影响因素涵盖广泛，包括空间位置信息（起止点、节点）、空间形态信息（路线形状、几何拓扑关系、路途沿线景观、节点空间形态）、运动状态信息（漫游者的朝向、速度、新陈代谢水平）、空间物理信息（空气、风速、气味、水质、光线、声音、室温、接触面特性等）。因而对漫游任务的量化研究，必须从所研究的漫游任务的种类特征出发，选择关键性的因素进行。

漫游任务关乎人们的移动，所以"走"与"停""动"与"静"的规律是具有最大揭示度的。这一漫游任务的规律可形象地用"路径—节点"模型来描述，也就是在起点和终点之间有 0 至多个停留点（节点），整个漫游路径被这些节点切分成相应的"走""停"段落。因为这一模型非常类似于公共汽车的路线图，所以也被称为"公共汽车路线模型"。

公共汽车路线模型可对漫游任务进行有效的可视化，亦可直观定性地揭示不同漫游任务之间特征的区别，为准确的量化提供辅助。

图 6-1 展示了几种常见漫游任务的公共汽车路线模型。寻路时，人们可能无法一次性找到目的地，会呈现"线折返点不均匀"模式；在跑步时，除了起点、终点和可能的短时停留点外，其他时候保持移动的状态，因此呈现"线长无点"的模式；逛景点时，会在多个观景点停留较长时间，而景点与景点之间距离通常较远，故呈现"线长点大"的模式；逛街时，在多个店铺停留，店铺间距离相对较短，故呈现"线短点大"的模式。

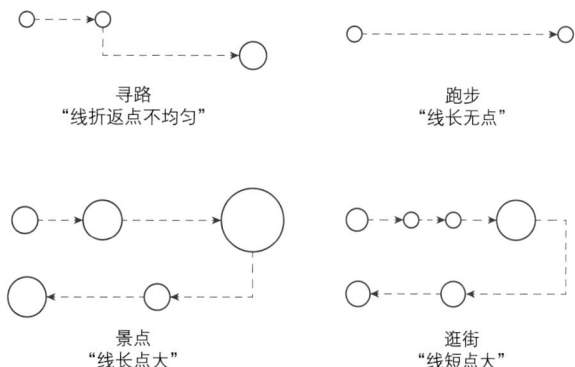

图 6-1　几种常见漫游任务的公共汽车路线模型

6.3　漫游任务强度

漫游任务可从其目的出发，通过完成该目的的有效时间片（Net Processing Time Slice）判别和量化。在现有技术下，多是通过一定帧率对连续发生的漫游任务行为进行采样，同时判断该采样间隔内漫游任务目的是否被有效执行，进而标记该时间片为有效或无效，再对其进行加和，以此来量化整个漫游过程。漫游任务强度值的具体计算公式为：

$$\varepsilon = \frac{1}{NT} \sum_{i=1}^{M} T_i \sum_{j=1}^{N} E_{ij} \qquad (6-1)$$

式中　ε ——漫游任务强度值；

　　　T_i ——第 i 次采样间隔；

　　　T ——采样总时长；

　　　N ——总人数；

　　　M ——采样总次数；

　　　E_{ij} ——第 j 个人在第 i 次采样的时间片内漫游任务是否被有效执行。

式中 E_{ij} 依据不同的漫游目的有不同的判别方式：①对于去往目的，如果该时间片用于漫游者在不重复路径上的移动，则 E_{ij} 取 1；否则取 0（图 6-2）；②对于健身目的，如果在时间片内漫游者的运动速度大于等于相应健身活动基础速度（表 6-1），则 E_{ij} 取 1；否则取 0；[1] ③对于休闲目的，如果该时间片用于漫游者在节点上的停留，则 E_{ij} 取 1；否则取 0。[2]

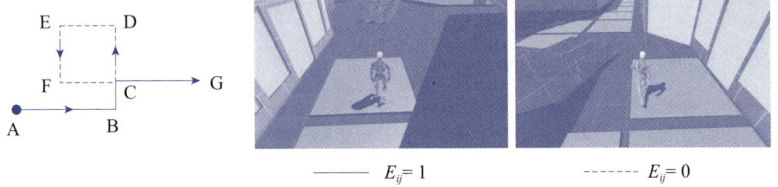

$$E_{ij}=1 \qquad E_{ij}=0$$

图 6-2 去往目的的计算方式

不同健身活动的参考基础速度	表 6-1
健身活动	参考基础速度/（m·s⁻¹）
步行	1.2
跑步	3.0
骑行	5.0

6.4 历史上对漫游任务的研究

漫游任务包含了一个非常基础的建筑行为，即行进或漫步，故从一开始，其即与建筑空间序列的营造有密切的关系。当然，随着城市和建筑的发展，生活方式的改变，漫游任务的目的和实现方式都变得多样化。

以去往为目的的漫游任务是伴随着早期在宗教空间中发生的朝圣（Pilgrimage）行为出现的。在不同文化的历史叙事中，都有对这类行为及其相应空间的记述。例如，1678 年，英国基督教作家约翰·班扬出版的《天路历程》（The Pilgrim's Progress）以一首基督教的寓言诗（Allegory）记叙了由毁灭之城通向圣城的路径；明代吴承恩创作《西游记》所依托的历史文本《大唐西域记》记录了玄奘西行取经的过程和所见所闻，按照地理区域依次介绍了他亲自到访的 110 个国家的情况；2017 年的电影作品《冈仁波齐》（Path of the Soul）描述了 11 位藏民途经 2500km 历时 1 年从小山村走向神山冈仁波齐的过程。

与朝圣不同的是，许多历史建筑群，为了构建丰富的漫游

---

① 表中数值仅作参考，会根据不同地形、人群有所差异。

② 具体数据处理过程中，需要剔除漫游者停留中的偶然性，如打电话等。

体验，设置了独特的空间序列。例如，中国古代封建王朝的陵墓对祭祖朝圣的空间序列高度重视，代表性案例是世界遗产清东陵（图 6-3）。清东陵从进入孝陵范围开始，金星山和影壁山互为对景，由大石牌坊、大红门、具服殿、孝陵神功圣德碑楼及四隅擎天柱（即华表）构成起点，影壁山北的望柱石像生群和龙凤门构成引导空间，北倚昌瑞山的孝陵陵宫区为核心空间。清东陵中的单个陵寝也遵循山门、石牌坊、石象生、明楼、祭台、宝城、宝顶的建构筑物序列，形成庄严肃穆、主次分明的空间。

历史发展到今天，虽然在很多文化中宗教朝圣、祭祀不再是必要的生活方式，但在建筑空间中对空间序列的体验仍然无处不在。

庄惟敏院士设计的中国国家版本馆总馆采用中国传统的院落式布局，沿轴线依山就势，分级布置主体建筑，体现坐北朝南、中轴对称、礼乐交融的特点，注重中国传统建筑文化中的层次美学；建筑群分为文兴楼、文华堂、文瀚阁三进院落，分别承载交流、展览及典藏研究功能，呈现从公共向私密的渐变，形成富有层次的空间序列。

华盛顿林肯纪念堂前方的阅兵场地、倒影池，以及东侧的华盛顿纪念碑、国会大厦，形成一个宏大的景观轴线，纪念堂位于轴线的终点；从东侧华盛顿纪念碑和二战纪念碑出发，沿着倒影池向西行进，纪念堂逐渐变大、清晰，形成一个纵向的漫游序列，由远及近、由模糊到清晰，突出了纪念堂庄严、宏伟的氛围。

在与以去往为目的的漫游任务相关的建筑学文字中，还有一篇特殊的文献是必须提及的，它就是 1937 年林徽因先生写给女儿梁再冰的信。信中描述了从北京出发，寻找发现五台山佛光寺的历程。图 6-4 所展示的是经过复原后用于展览的复制品，这张附在信后的地图中以节点与路径，抽象地描绘了梁思成与林徽因先生为

图6-3　清东陵鸟瞰图（左图）
图6-4　林徽因手绘路线图（右图）
（图片来源：由中国营造学社纪念馆，提供）

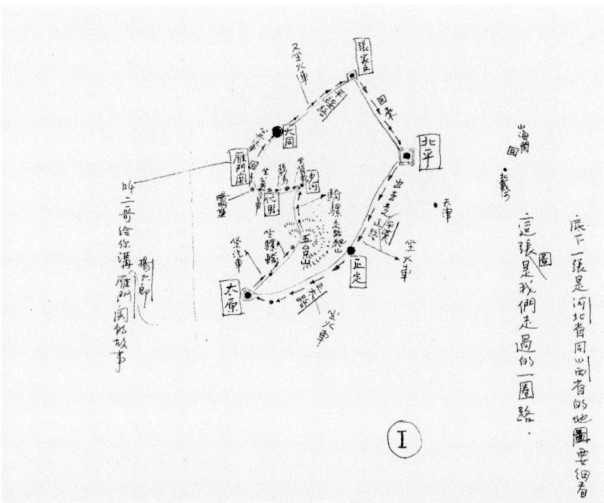

寻得五台山佛光寺东大殿这一唐代宝贵的木构建筑遗存所历经的关键空间节点、途经路线及移动方式。可以看到，地图上标注的"北平""张家口""雁门关""太原""正定"和"五台山"等属空间节点，自张家口起乘坐火车至沙河、换乘驴车前往五台山属移动路线和移动方式。

以健身为目的的漫游任务产生于中产阶级对主动式健康的普遍重视形成之后。19世纪末，由美国景观设计师弗莱德里克·奥姆斯泰德（Frederick Law Omsted）设计的波士顿"翡翠项链"，以14英里（约2.25km）近自然的连续漫游路径贯穿了城市建成区域（图6-5）；哥本哈根引以为豪的骑行系统是总长度超过40km的自行车慢行网络，也是在世界国际都市型城市中唯——个自行车专用系统总长度超过汽车道路总长度的城市。研究表明，步行街区和绿色或自然空间的可达性与更高水平的体育活动相关，[1] 改善城市可步行性（Walkability）会促进步行、骑行等行为，从而对人体健康产生有益影响，包括降低死亡率和非传染性疾病等。[2]

以休闲观览为目的的漫游任务在前工业时期的私家花园或园林中就已普遍存在，但向公众开放的具有城市公共性的漫游任务则是伴随着工业化以后世界城市对博物馆、博览会及文化艺术类公园的建设而出现的。

早期的中国古代园林空间，如苏州的网师园（图6-6），布局

图6-5 波士顿翡翠项链地图
（图片来源：引自emeraldnecklace官方网站）

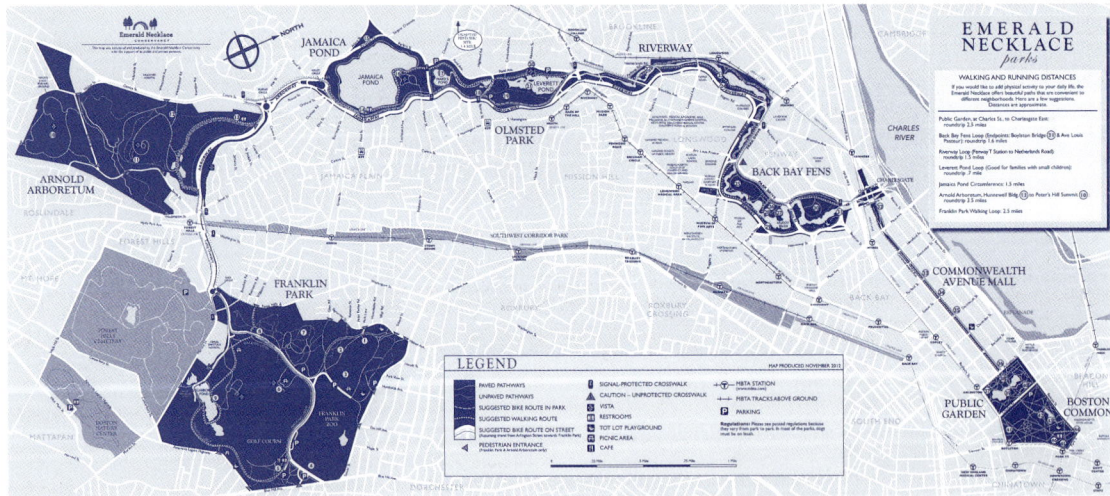

① WARD THOMPSON C. Activity, Exercise and the Planning and Design of Outdoor Spaces[J]. Journal of Environmental Psychology, 2013, 34：79-96.
② WESTENHÖFER J, NOURI E, RESCHKE M L, et al. Walkability and Urban Built Environments：A Systematic Review of Health Impact Assessments [J]. BMC Public Health, 2023, 23（1）：518.

精巧，富于变化，极为注重漫游体验。中国传统园林"移步换景，步移景异"的造园理念和手法塑造了网师园曲折幽深、景致丰富的漫游空间，给游人以视觉的丰富层次和美感体验。早在魏晋时期，谢灵运庄园已经形成"还回往匝""辗转幽奇"的空间。[①] 中国现

图 6-6　网师园景观
（图片来源：苏州园林设计院 . 苏州园林 [M]. 北京：中国建筑工业出版社，1999.）

存最早的园林营造专著、明代计成所著的《园冶》中，提出了"因借、对景、藏露、疏密"等造园理论，通过营造一系列的景观点形成漫游体验的序列。其中"藏露"即"欲露先藏"，是实现"移步换景"的前提，设法提供多重、多方位交错的视轴来丰富漫游体验（图 6-7）。[②]

伯纳德·屈米（Bernard Schumi）设计的拉维莱特公园通过在线形步道网格上几乎均匀地布置红点标识的无主题装置，强调人们在点与点之间的移动（图 6-8）。2015 年米兰世博会规划中，一条遮阳走廊横穿纵向排列的建筑群，将各国展馆中的农业与园林景观

图 6-7　苏州园林的借景（左图）和对景（右图）
（图片来源：苏州园林设计院 . 苏州园林 [M]. 北京：中国建筑工业出版社，1999.）

---

① 庄岳 . 数典宁须述古则，行时偶以志今游：中国古代园林创作的解释学传统 [D]. 天津：天津大学，2006：133.
② 计成 . 园冶注释 [M]. 陈植，校 . 北京：中国建筑工业出版社，1988.

串联起来，形成了独特的"地球花园"漫游体验。勒·柯布西耶根据其住宅设计作品提出了"建筑漫步"（Promenade Architectural）的概念，即人通过漫游穿行（Roaming Through）来体验建筑。当人穿过建筑的层层空间，一系列图景在其眼前逐渐展开，一个个事件依次发生，这就是建成空间中隐含的"旅程"（Itinerary）。勒·柯布西耶认为，漫游体验是否能被实现决定了建筑作品的生与死。[①]戈登·卡伦（Gordon Cullen）在《简明城镇景观》（*The Concise Townscape*）一书中提出"序列场景"（Sequence Scene）的概念，强调由建筑群、街道、拱门、雕塑等元素排布起来而提供的具有时序性、连贯性的穿行体验。

现代数据采集设备与信息技术为漫游任务的研究提供了新的工具，近期也形成了值得关注的成果：Balaban 等人通过采集健身追踪应用 FTA（Fitness Tracking Applications）数据，获取人在漫游时的活动轨迹，分析了关于新加坡城市居民休闲步行行为与社区环境特征之间的关联（图 6-9）；[②]Fan 等人通过采集 GPS 设备、视频摄像头、Wi-Fi 和其他蓝牙传感器的数据，对与行人漫游时穿越街道相关的环境因素进行了统计分析（图 6-10）；[③]夏明明通过收集人在不同运动强度、方式下的能耗数据，结合城市建成空间的信息，研究休闲慢行运动中路径因子与环境因子对人体运动能耗的影响（图 6-11）。[④]

图 6-8　拉维莱特公园（左图）
（图片来源：引自 BERNARD TSCHUMI ARCHITECTS 官方网站）
图 6-9　400m×400m 网格的休闲步行活动强度（右图）
（图片来源：引自 BALABAN Ö. Understanding Urban Leisure Walking Behavior：Correlations between Neighborhood Features and Fitness Tracking Data[M]//Artificial Intelligence in Urban Planning and Design. Amsterdam, Netherlands：Elsevier, 2022：245-261.）

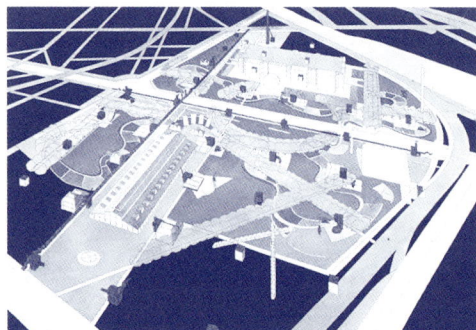

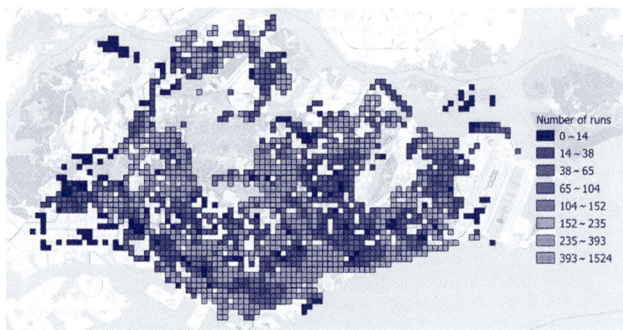

① SAMUEL F. Le Corbusier and the Architectural Promenade[M]. Basle, Switzerland：Birkhäuser, 2010.
② BALABAN Ö. Understanding Urban Leisure Walking Behavior：Correlations between Neighborhood Features and Fitness Tracking Data[M]//AS I, BASU P, TALWAR P. Artificial Intelligence in Urban Planning and Design. Amsterdam, Netherlands：Elsevier, 2022：245-261.
③ FAN Z, LOO B P Y. Street Life and Pedestrian Activities in Smart Cities：Opportunities and Challenges for Computational Urban Science[J]. Computational Urban Science, 2021, 1（1）：26.
④ 夏明明. 以运动能耗为导向的无器械类休闲慢行空间设计研究 [D]. 北京：清华大学, 2022.

图 6-10　行人穿越街道行为的识别示例
（图片来源：FAN Z, LOO B P Y. Street Life and Pedestrian Activities in Smart Cities：Opportunities and Challenges for Computational Urban Science[J]. Computational Urban Science, 2021, 1（1）: 26. ）

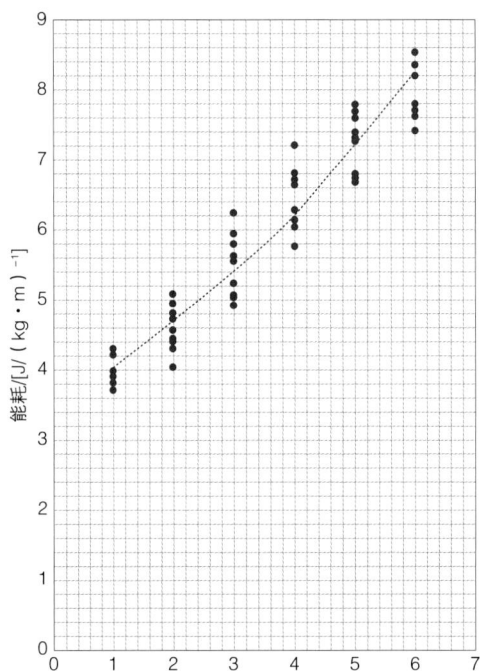

图 6-11　在不同坡度上的能量消耗图
（图片来源：夏明明. 以运动能耗为导向的无器械类休闲慢行空间设计研究[D]. 北京：清华大学，2022. ）

6.5　漫游任务案例

6.5.1　北京 2022 年冬奥会张家口赛区古杨树组团"冰玉环"慢行系统

　　北京 2022 年冬奥会的场馆规划与建设创造了冬季奥林匹克运动会（以下简称冬奥会）的很多项历史，其中两项便是位于张家口崇礼的国家跳台滑雪中心"雪如意"规划设计和古杨树组团"冰玉环"规划设计。

　　以往的冬奥会雪上场馆也有北欧两项组团（即古杨树组团）这一场馆群，但场馆之间仅能以机动车往返，而"冰玉环"慢行系统首次使这一组团内的三个场馆——国家冬季两项中心、国家越野滑雪中心和国家跳台滑雪中心及如意广场之间实现了 100% 的步行可达，也为后续围绕如意广场的各类越野比赛、节日市集等活动提供了良好基础和条件，且在活动运营的加持下，能够实现以休闲为目的漫游体验。进一步分析可知，在冰玉环的步行过程中，视线在"雪如意"得到了较好集中，特别是诸如"如意广场"等节点的设置，增加了游客的停留，$E_{ij}=1$ 的时间占比更多，漫游任务强度更高。

"雪如意"的规划设计融入了对多种任务的分析考虑，在此仅针对漫游任务一项进行介绍。可以说，"雪如意"是世界第一座实现从出发区到落地区步行可达的滑雪跳台，它为人们提供了近距离观看比赛，以及类似爬山的活动，实现了以健身为目的的漫游体验。两条赛道的两侧各有一组台阶，并在中间设置节点，允许人们步行上下或在中间休憩（图 6-12）。

图 6-12 "雪如意"赛道旁的步行台阶

在"雪如意"的设计阶段和建成后，规划设计人员还运用头戴摄像头记录和表情分析的方法，分析和评估人们攀爬台阶时的情绪反馈（图 6-13）。必须要承认的是，"雪如意"设计阶段的测试只考虑了向上攀爬的情况，而对下行路线上的陡峭考虑不足。在建成后的测试中，发现起跳区附近的台阶过于陡峭，下行时引起了一些被试的恐惧，故还有待于进一步的改造和优化。

6.5.2 西雅图奥林匹克雕塑公园

西雅图奥林匹克雕塑公园旨在为城市雕塑公园提供一种新模式。它利用了场地 40 英尺（约 12.2m）的高差，采用 Z 形绿色平台的形式，创造了一个立体的"漫游空间"（图 6-14）。雕塑公园通过对漫游体验的关注，营造了地景式的路径，重新激发了片区的活力。

时间/min

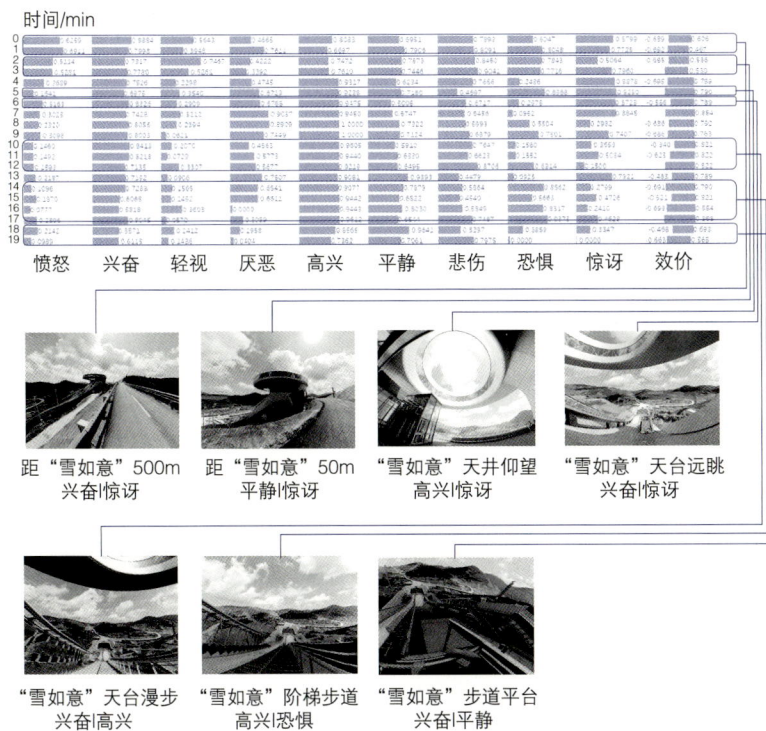

愤怒	兴奋	轻视	厌恶	高兴	平静	悲伤	恐惧	惊讶	效价

距"雪如意"500m
兴奋|惊讶

距"雪如意"50m
平静|惊讶

"雪如意"天井仰望
高兴|惊讶

"雪如意"天台远眺
兴奋|惊讶

"雪如意"天台漫步
兴奋|高兴

"雪如意"阶梯步道
高兴|恐惧

"雪如意"步道平台
兴奋|平静

图 6-13　"雪如意"游览面部表情分析

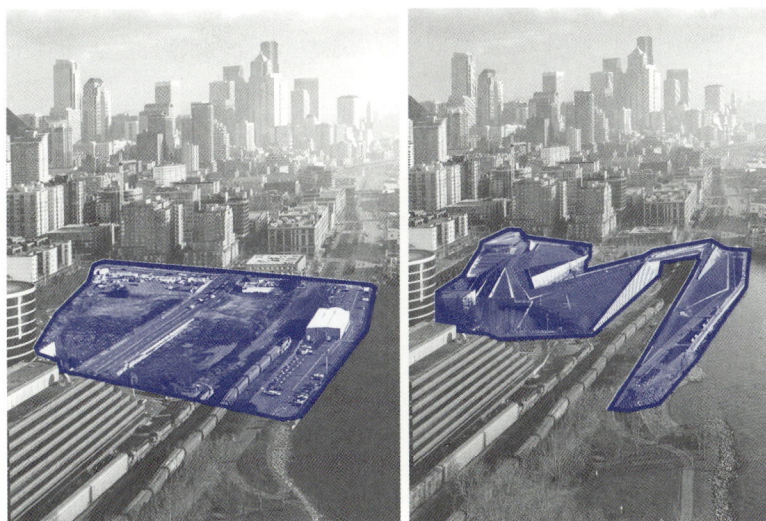

图 6-14　西雅图奥林匹克雕塑公园建成前后对比
（图片来源：改绘自 WEISS/MAN-FREDI 官方网站的项目 Seattle Art Museum：Olympic Sculpture Park）

　　雕塑公园的设计可满足以"去往""休闲观览"和"健身"为目的的漫游。对于以"去往"为目的的漫游，公园穿越两条公路和一条铁路，连接了原本被阻隔的城市空间和修复后的滨水空间，使得两者的路径变短，有效路径比例增加，满足了"去往"的目的。

　　对于以"休闲观览"为目的的漫游，雕塑公园从一个 18 000 英尺（约 5486.4m）的展馆开始，延伸出几段，每一段景色各不相同，路径上点缀着造型各异的雕塑，吸引人驻足停留（图6-15）。随着漫游进行，可以看到奥林匹克山脉、城市、港口、水面与天际线，来到水边，可以看到温带常绿森林、季节性落叶林和湖岸花园。丰富的体验吸引人在雕塑公园停留更长时间，$E_{ij}=1$的时间更长，以"休闲观览"为目的的漫游任务强度更高。

对于以"健身"为目的的漫游，雕塑公园的路径既有起伏变化的坡地，也有连续的平地，激发人散步、跑步的兴趣。当速度大于相应健身活动基础速度时，$E_{ij}=1$，漫游任务强度增加。

6.5.3　荷兰奥特卢雕塑博物馆及公园

荷兰奥特卢雕塑博物馆及公园（Kröller-Müller Sculpture Garden）是现代意义上的公共性漫游任务空间的较早示例。该项目旨在"利用季节的变化为所有人创造一个充满活力、有趣且诱人的空间"。

在空间抽象层方面，雕塑公园中有诸多节点，包括阿尔多·凡·艾克（Aldo Van Eyke）和赫里特·里特费尔德（Gerrit Rietveld）设计的两个展馆，以及著名艺术家的160个雕塑作品。设计以蜿蜒的散步小径串联起这些节点，使雕塑、地形和小径互相呼应，塑造多样的沿途景观。如果以公共汽车路线模型来分析，公园将呈现出点多、线曲折的模式。

在体验抽象层方面，一些雕塑和景观小品具有较强的交互性，吸引人停留和游玩，例如，孩子们会在雕塑上攀爬（图6-16）。相较于西雅图奥林匹克雕塑公园的线性结构，奥特卢雕塑博物馆及公园提供了更开放的漫游路径，包括网状、环形与线性的路径，可供人们自主选择，促进自发的探索行为。这些体验都会增加人在公园的停留时间，根据公式，这些设计可以提高$E_{ij}=1$的时间比例，因此增大了漫游任务强度。

图6-15　西雅图奥林匹克雕塑公园漫游路径与景观（左图）（图片来源：引自WEISS/MANFREDI官方网站的项目Seattle Art Museum：Olympic Sculpture Park）

图6-16　荷兰奥特卢雕塑博物馆及公园内人与雕塑的交互（右图）（图片来源：引自WEISS/MANFREDI官方网站的项目Seattle Art Museum：Olympic Sculpture Park）

6.6　本章小结

本章聚焦于漫游任务，首先介绍了城市建成空间中漫游任务的主要类型，主要分为以去往、健身、休闲为目的的漫游任务；接着介绍了漫游任务的"公共汽车路线"（路径—节点）模型、漫游任务强度值的计算公式，提出针对不同目的的漫游任务，有不同的计算方法；之后，介绍了历史上和当代对于漫游任务的研究，以及 3 个漫游任务的案例。

课后思考题

1. 漫游任务的目的主要包括哪 3 种？它们对应的活动主要包括哪些？

2. 寻找一种校园内的漫游任务，绘制它的公共汽车路线模型。

3. 上述漫游任务的强度计算方法是什么？

4. 自行找 2 个地点，计算上述漫游任务的强度并进行比较，分析可能导致差异的空间要素。

第 **7** 章 共享任务

本章编写：王子恒　邓慧姝　张　利 *

教学参考要点

① 教学目的：回答"如何量化一个空间领域内单个或多个群组活动"的问题。

② 主要知识点：共享任务的三要素，即领域、共同意愿和共享事件；共享任务发生的判定标准及测度；共享任务强度值的计算公式。

③ 内容串接逻辑：本章首先介绍城市建成空间中共享任务存在的普遍性，随后介绍共享任务的定义、要素，历史上对共享任务的研究，以及城市人因工程学提供的对共享任务的研究工具和应用案例。

④ 建议学生重点掌握内容：熟悉共享事件发生的几种判定标准及其测度方法；结合学生兴趣，对校园内某 1~2 种共享形式进行深入研究。

7.1　共享任务的普遍性观察

城市建成空间的一个基本功能，是提供适合人与人协作或交流的环境；人们有关城市空间体验的一个基本组成部分，也来自与他人分享同一空间的生活经历。在街心广场中，广场舞者、遛娃遛狗者、下棋打牌者会自发成组，占据彼此互相影响最小的位置；在咖啡厅中，人们在与同伴交谈的同时，会尽量避免与其他群组的人互相干扰；在市集、会议休息厅、车站候车厅中，人们会用手势、表情、身体朝向等在相对嘈杂的环境中强化彼此的联络。空间虽然仅仅是这类活动的相对次要的背景，但事实上对这些交流活动的发生至关重要，并自然而然地影响了人们对相应空间体验的质量。

人是一种高度社会性的动物，天然要求空间环境适宜人与人之间的协作和交流。例如，更利于"看"而不是"被看"，更利于选择性地获取声音信息，更利于个体进入放松的状态，更利于群组获得临时性的领域，等等。这些都是叠加在环境温度、湿度、光线、气味等基本舒适度之上的进阶需求。

对这一空间体验的研究，也是亚历山大、怀特、盖尔、雅各布斯等人理论学说的重点所在。谈及建成空间与人的互动，人群对空间的共享是不可回避。我们认为，在建筑的过去、今天和未来，空间共享的体验无处不在。这也是共享任务成为建成空间四个基本任务的原因。

7.2　共享任务的定义

共享（Participation 或 Sharing）指在同一有界空间内进行的，人与人之间在发生相同或不同活动时的交互与协调。共享任务主要关注的是如何使人们在共同使用建成空间时，不因各自完成不同的任务而产生冲突。无论是南方民居的明堂、北方民居的合院，抑或是学校操场、图书馆自习区等，均是共享任务发生的典型场所。

共享任务包含三个要素：领域（Domain）、共同意愿（Purpose）和共享事件（Event）。

领域指人与人进行互动时形成的、具有共识性边界的空间。互动行为开始后，领域化的过程将自动发生，使用者会被赋予该领域的"所有权"。随着互动的进行，领域的边界可能相对稳定，也可能发生动态变化。例如，在广场舞活动中，广场舞参与者的领域边界是相对稳定的；而在博物馆导览中，一个导览群组的领域边界则会动态变化。

共同意愿是在空间维度中人们拥有互不冲突的共同行为的意愿。值得注意的是，这种共同行为意愿的达成有两种不同的角色协同方式。一种是均等协同，比如在公共空间的标识性景物前人群合影留念；另一种是非均等协同，比如在舞蹈教室里进行的舞蹈示范，编舞者示范者是一方，学习者是另一方，共同完成示教行为。

共享事件指共享行为在某一时间点上的触发，它是共享任务发生的前提。一项日常生活中常见的共享行为可以分解为多个共享事件的组合，例如在广场舞活动这一共享行为中，参与者的聚集、选位站位、同步动作、舞间分组交流等分别是不同的共享事件。值得指出的是，在共享任务的三要素中，共享事件是最客观也是最可量化的，故其既可以作为共享任务发生的判定标准，也可以作为共享任务强度的衡量指标。

7.3　共享事件的强度

共享事件可从三个方面进行判别及量化：视线交流（Eye Contact）、声音交互（Audio Exchange）、动作协同（Motion Coordination）。

有效的视线交流的判断及量化主要依赖视锥（Frustum）分析。视锥是三维世界中在人的前方视域内可见的区域，一般将之简化为方平截头体（即截面为矩形的四棱台）进行分析。人的视线注意力集中在正前方水平张开视角 40°~45°、垂直张开视角 20°~30° 范围内，[①] 由此定义的方平截头体即成为用于视线交流分析的视锥。当两个人彼此同时出现于对方视锥之中时，视线交流发生，其每个时刻的强度与两人的位置关系及朝向关系相关（图 7-1、图 7-2），并可通过式（7-1）计算并归一化。

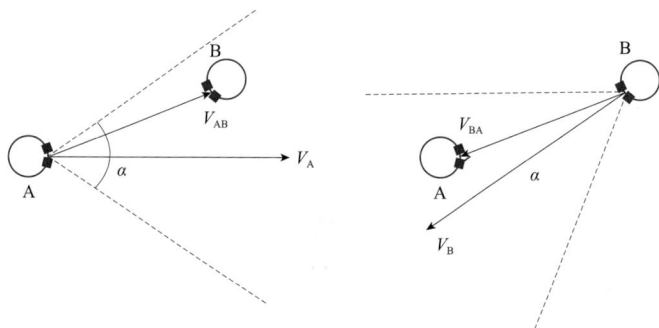

图 7-1　视线关系分析

---

① XIE Q, ZHANG L. Entropy-based Guidance and Predictive Modelling of Pedestrians' Visual Attention in Urban Environment[J]. Building Simulation，2024，17（10）：1659-1674.

$$E = \max\left(0, \frac{V_A \cdot V_{AB} - \cos\frac{\alpha}{2}}{\|V_A\|\|V_{AB}\| - \cos\frac{\alpha}{2}}\right) \max\left(0, \frac{V_B \cdot V_{BA} - \cos\frac{\alpha}{2}}{\|V_B\|\|V_{BA}\| - \cos\frac{\alpha}{2}}\right) \quad (7\text{-}1)$$

式中　V_A——个体 A 朝向的矢量；

　　　V_{AB}——个体 A 所在位置到个体 B 所在位置的矢量；

　　　V_B——个体 B 朝向的矢量；

　　　V_{BA}——个体 B 所在位置到个体 A 所在位置的矢量；

　　　α——注意集中分布的视锥角度，在不考虑垂直高度变化的
　　　　　情况下，可取 40°。

　　由式（7-1）可知，当两人面对面时，视线交流的强度达到最
大值 1；随着其中一方偏离对方的视线，视线交流强度逐渐下降；
当其中一方脱离另一方的视锥，即两个矢量夹角超过 α 的一半时，
视线交流强度归零。

　　有效的声音交互的判断及量化主要依赖声场的功率衰减半径
（Attenuation Radius）分析。此处的分析针对的声源是以人为初始
发起者所产生的声音，包括说话、演奏乐器、播放音响、鸣笛等
等。在没有附加信号增强的前提下，不同声源拥有的声场衰减半径
各不相同。有研究表明，人说话的声场衰减半径为 20~30m，而唢
呐的声场衰减半径可达 1km。通常，城市环境的背景噪声在 40dB
左右，高于背景噪声的声音被认为是可识别的，因而功率衰减至
40dB 的距离为相应声源的声场衰减半径。判别共享任务的参与者
之间距离小于或等于声场衰减半径时，则有声音交互发生；反之则
无（图 7-3）。

图 7-2　视线交流判断共享事件

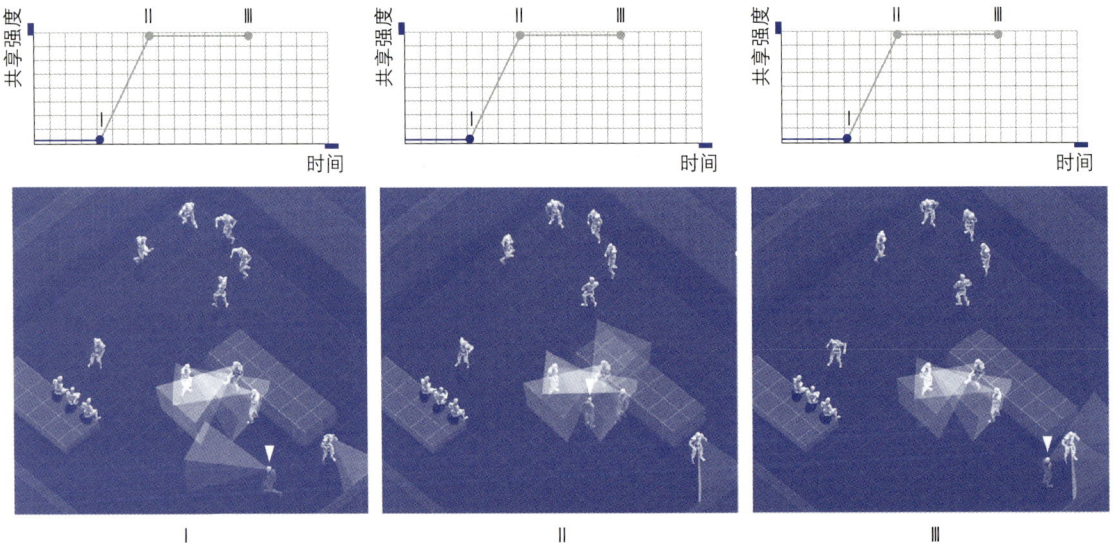

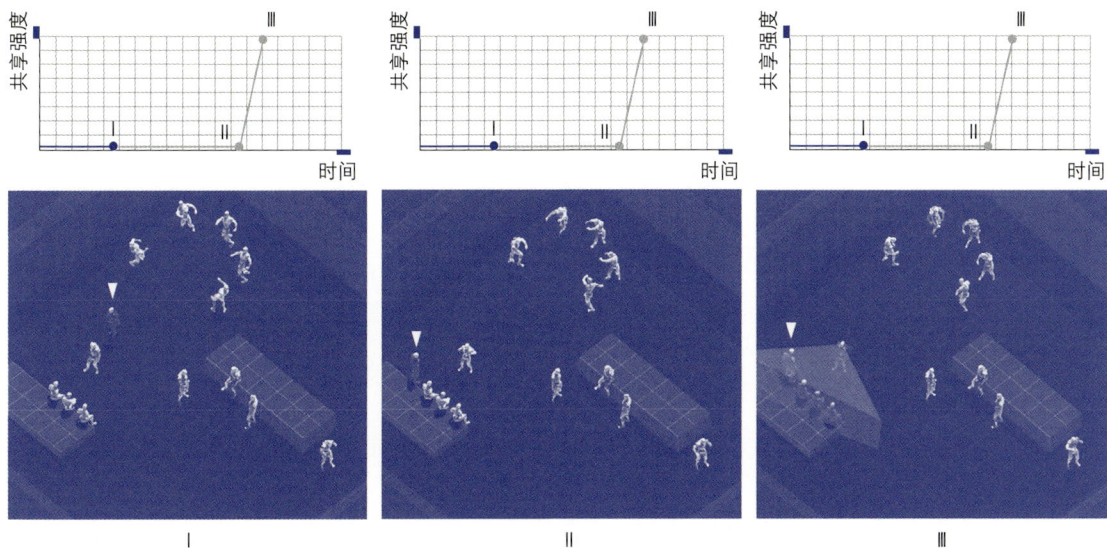

图 7-3　声音交互判断共享事件

　　有效的动作协同的判断及量化主要依赖动作匹配度（Motion Matching）分析。这一分析分为两步：第一步，动作捕捉，以算法对实景视频中持续一段时间内的动作序列进行识别，通过骨架模型还原群组内的个体动作；第二步，将相邻个体动作状态两两配对，与预设的动作数据库比对。如果匹配程度超过阈值，则动作协同发生；反之则无（图 7-4）。

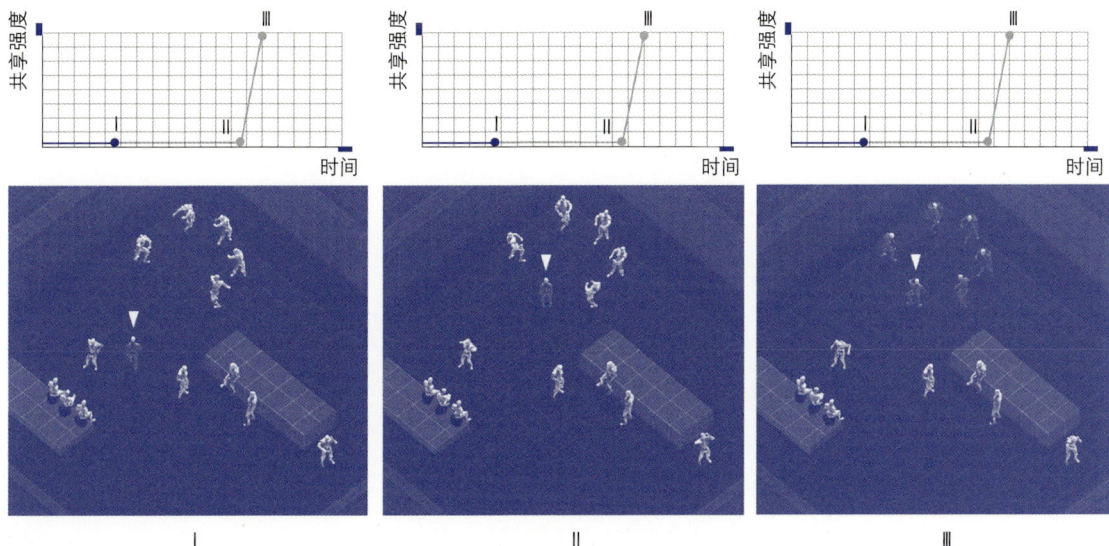

图 7-4　动作协同判断共享事件

7.4 共享任务的强度

前述共享事件是判断每个离散时间点共享任务是否发生的依据，实际共享任务关注的是连续时间内的空间体验，因而共享任务的强度是对连续时间内发生的共享事件的积分。值得指出的是，共享任务强度在现有技术水平下的量化，多数是以一定帧率对连续发生的共享行为进行采样，此时可行的计算共享任务强度的方法转化为对这些采样数据的加和，具体计算公式同式（2-2）。

$$\varepsilon = \frac{1}{TN_{\max}} \sum_{i=1}^{M} T_i \sum_{j=1}^{N} E_{ij} \qquad （2-2）$$

式中　E_{ij}——第 j 个人在第 i 次采样的时间片内参与共享事件的强度。

7.5 历史上对共享任务的研究

虽然共享任务的定义存在时间较短，但共享任务作为空间体验的基本组成部分，其获得的关注却贯穿整个建筑历史。这既体现在以建筑为主题场景的艺术作品之中，也体现在与建筑学相关的论述和研究中。

例如，拉斐尔（Raphael）的《雅典学院》（*The School of Athens*）描绘了文艺复兴初期知识界对古希腊时期"理想的学术共享空间"的想象；张择端的《清明上河图》呈现了北宋汴京社会生活中市井公共空间的丰富的共享行为；至今仍然人气旺盛的摩洛哥古城马拉喀什（Marrakesh）夜市是观察市集空间中自由买卖类共享行为的典型场所；中国北京胡同里的四合院，则一如既往地为明确边界内的家庭或社区群体提供了高灵活度的共享空间（图 7-5）。

图 7-5　北京胡同中的共享空间

在共享任务量化技术出现之前，建筑师就已经开始主动地加强建成空间对共享任务的回应。荷兰建筑师、建筑教育家阿尔多·凡·艾克（Aldo Van Eyck）利用二战之后遭到破坏的待开发空间为阿姆斯特丹设计了 700 多个公共活动场，以低廉的投入创造了第二次世界大战后重建期内最脍炙人口的城市共享空间案例（图 7-6）。德国建筑师汉斯·夏隆（Hans Scharoun）更进一步地认为，使用者应该有根据自己需求解释并参与定义建筑空间的权利，并一改传统音乐厅中演者与观者的对立关系，在柏林爱乐音乐厅中通过五边形的参与式观众席设计，增强了观众与乐队之间的多向度的交互。芬兰 ALA 建筑事务所强调阶梯形地面对视线交流的戏剧性增强，在赫尔辛基颂歌中央图书馆（Helsinki Oodi Central Library）中设计了不同高度的梯田式空间，提升了空间中共享事件发生的频率和密度。

不仅是建筑实践者，建筑研究者也一直持续关注公共空间中实现的共享城市生活。克里斯托弗·亚历山大（Christopher Alexander）在《建筑模式语言》（A Pattern Language）中提出一种基于空间模式的设计方法，将人们在各类空间中发生的共享行为所需的空间和环境元素分门别类，探索满足某种共享活动形式的最佳空间条件；威廉·怀特（William Whyte）在《小城市空间中的社会生活》（Social Life of Small Urban Spaces）中首次运用在场观察与视频记录方法，调查人们共享城市公共空间的一些规律性现象；扬·盖尔（Jan Gehl）的《建筑物之间的生活：利用公共空间》（Life between Buildings：Using Public Space）中，特别关注到城市空间中人们的社会活动，并认为物理环境的设计在一定范围内（区域、气候、社会）有可能影响使用公共空间进行共享行为的人数、事件、持续事件及活动类型等。

事实上，社会学家也在关注建筑与城市对共享生活的支持。

图 7-6　第二次世界大战后阿姆斯特丹公共活动场
（图片来源：引自 WITHAGEN R, CALJOUW S R. Aldo Van Eyck's Playgrounds：Aesthetics, Affordances, and Creativity[J]. Frontiers in Psychology, 2017（8）：1130.）

简·雅各布斯（Jane Jacobs）在《美国大城市的死与生》（*The Death and Life of Great American Cities*）中主张，学者应当关注城市中那些支持公共活动发生的更细节的空间因素，并提出在场观察的方法以了解城市环境与市民公共生活的品质。凯伦·弗兰克和昆汀·史蒂文斯（Karen Franck，Quentin Steven）在《松散空间：城市生活的可能性与多样性》（*Loose Space*: *Possibility and Diversity in Urban Life*）中探讨人们共享使用公共空间的多种形式，并通过案例研究展示由城市居民群体创造和维持的城市生活的持续丰富性。

7.6　共享任务案例

7.6.1　阿那亚启行青少年营地

阿那亚启行青少年营地是一个为教育机构"启行教育"而设计的营地建筑，主要为儿童和青少年提供冬夏令营项目。项目位于阿那亚滨海度假地产开发区中部的带状沙丘上，其建筑设计的重点在于关注共享体验任务。营地中最主要的特色空间是大坡道空间，坡道连续螺旋起始于沙丘一侧，环绕建筑的两个庭院上升，逐渐达到最高点后重新落回到沙丘的另一侧（图7-7）。考虑到儿童喜欢跑动的天性，相比于教室与操场，坡道能够让跑动更具挑战性，跑动距离更长。

建筑师为坡道的每一处都设定了具体的活动形式，例如跳皮筋、捉迷藏等游戏（图7-8）。但在实际使用中，儿童更专注于在坡道上追逐跑动，并在其中获得了极大快乐。除了坡道上跑动，坡道下方空间也被开发出了新用法。坡道下作为儿童到达夏令营的报到空间，被分割出若干个特定尺度大小的游戏区域，可以用于儿童和家长进行多种游戏活动（图7-9）。

图7-7　阿那亚启行青少年营地

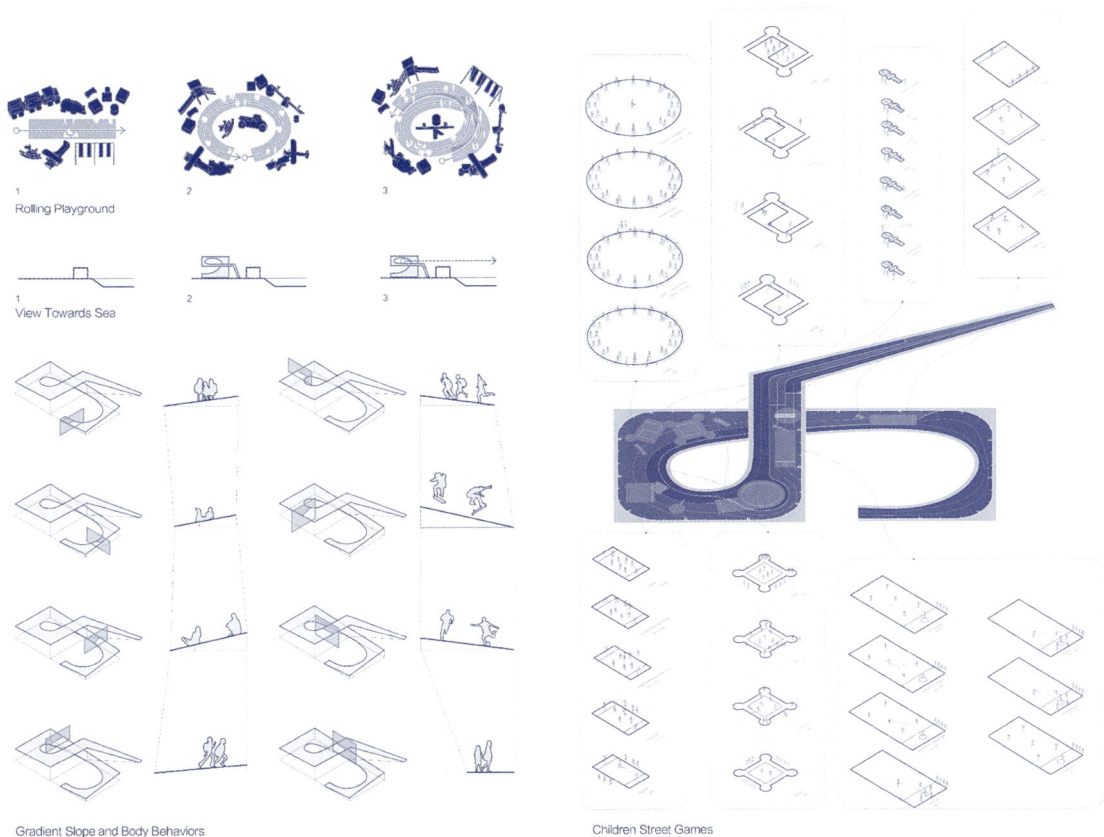

Rolling Playground

View Towards Sea

Gradient Slope and Body Behaviors

Children Street Games

图 7-8　设计时考虑的具体活动形式

图 7-9　坡道下游戏空间

图 7-10　坡道共享颜料（左图）
图 7-11　坡道上共舞（右图）

坡道这个特殊空间界面能够完成其他空间无法实现的共享事件。例如，在阿那亚建筑论坛活动中，参与者在坡道上进行绘画，坡道的斜度使颜料顺着重力向下流，下方的参与者都能够共享颜料，共同涂鸦（图 7-10）。此外，在表演创意上，舞蹈演员利用坡道斜度设计舞蹈动作，通过绳索在斜坡上实现特殊的共舞（图 7-11）。

阿那亚启行营地的量谱分析

图 7-12 基于空间体验任务强度计算值公式——式（2-1），通过一维量谱，以图解的方式比较本案例坡道空间的体验抽象层与空间抽象层之间的对应关系。图中，Space_A 代表空间抽象层；Experience_A 代表体验抽象层；S_A 代表所研究的空间；$T_i E_{ij}$ 代表有效共享事件的时长；ε 代表共享任务强度值；$\varepsilon S_A T$ 则为所研究空间内总时长下的总共享任务强度值。

图 7-12 中的第一行显示了空间抽象层与体验抽象层中对空间领域划分方式的差异。预设的使用方式将坡道划分成若干小块（S_{A1}，S_{A2}，……，S_{An}）。而在实际使用中，使用者在坡道上更着重感知重力，

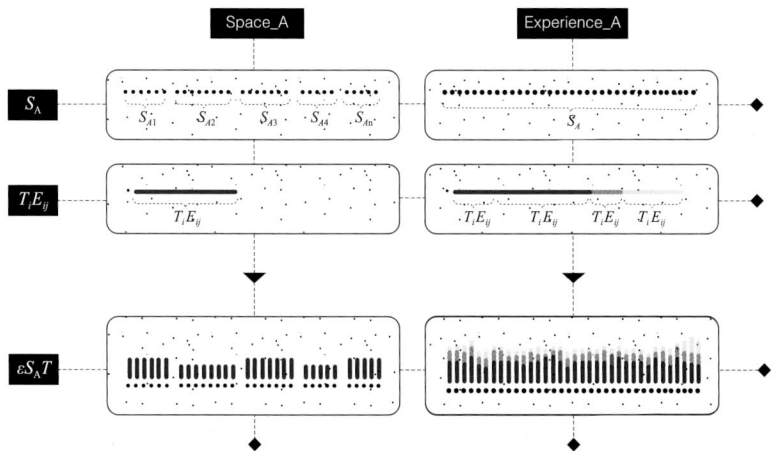

图 7-12　坡道空间抽象层与体验抽象层图解

因而发展出顺势连续使用坡道的共享方式。图中的第二行显示了对共享任务中共同意愿的不同定位。在空间抽象层,各领域都被预设了特定的协同方式,即开展一段时间的特定游戏。在体验抽象层,各领域中实际发生了各种各样的协同方式(E_{ij},E_{ij}',E_{ij}'',……),这些协同方式在同一区域内依次发生,它们的有效共享事件时长可以叠加。图中的第三行完整呈现了本案例中两个抽象层在共享任务上的差异。可以看出,尽管空间抽象层中预设了各种分段式游戏场地,但并未限制整段使用坡道的可能性,因此,实际上发生了各种各样整段使用坡道的方式,提升了坡道的整体使用率,这能够带来更高的共享任务强度。

7.6.2 国家跳台滑雪中心"雪如意"顶峰俱乐部

国家跳台滑雪中心"雪如意"是北京 2022 年冬奥会张家口赛区的跳台滑雪项目竞赛场馆。它是世界首个在赛道顶峰增设室内共享空间的跳台场馆。顶峰空间为圆盘形,这也是"如意"形象的来源(图 7–13),其外径 78.9m。这一设计想法起源于提升奥运场馆的赛后利用效率和使用体验。许多知名的冬奥跳台都能够吸引游客,如奥伯斯多夫跳台滑雪场(Oberstdorf Ski Jumping Arena)、利勒哈默尔跳台滑雪场(Lillehammer Ski Jumping Arena)等,但游客到达后往往只能远距离观看跳台,难以长时间停留。而"雪如意"的顶峰空间能够提供游客停留并近距离与跳台互动的机会。

受限于悬挑结构的限制,也为了避免给圆盘下方的运动员造成较大心理压力,设计者考虑将圆盘设计为同心圆环或偏心圆环。问

图 7–13 国家跳台滑雪中心"雪如意"

95

题的关键在于，如何设置中空区域的位置才能使剩下的室内空间具有更好的共享体验。通过在虚拟仿真空间中进行测试，设计者最终确定圆环内圆的圆心设置在距离外圆圆心 1/4 半径位置（图 7-14）。偏心圆环内部分离出了靠前的较小空间和靠后的较大空间，可适合不同的共享活动。

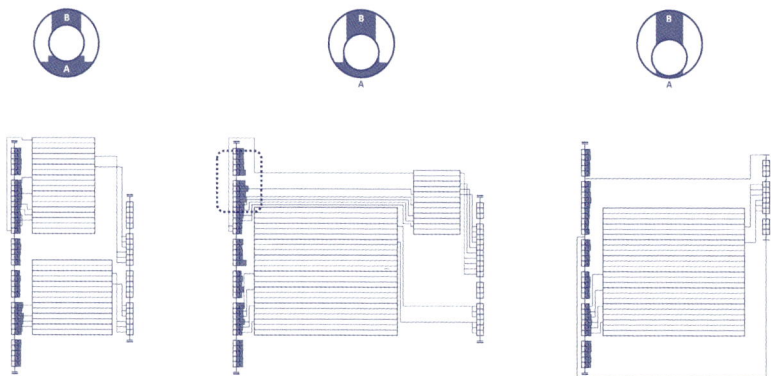

图 7-14 顶峰虚拟仿真空间实验结果

根据"雪如意"顶峰建成后的实地观察，在这一案例中，空间抽象层与体验抽象层相对接近。较小空间被用作展览和观景长廊，较大空间则承担多种类型的聚会、论坛等活动（图 7-15）。

图 7-15 顶峰论坛活动

7.7 本章小结

本章首先介绍了共享任务在城市建成空间中的普遍性。其后明确了共享任务的三个核心要素：领域、共同意愿和共享事件，并详细阐述了每个要素的特点；指明了共享任务的判定及强度计算方法；系统回顾了历史上对共享任务的研究，为当前的实证研究提供新的启示。最后，通过两个实际空间案例，说明了如何在空间干预过程中增进人们对空间共享的体验。

课后思考题

1. 结合自己的理解，思考如何量化一个空间领域内单个或多个群组活动？你会选择哪些指标来进行衡量和分析？

2. 请说明领域、共同意愿和共享事件的具体含义，并结合实际情况描述共享任务发生的判定标准及测度方法。

3. 请在校园中寻找实际的空间案例，具体说明这些空间中进行的共享任务，并思考如何评估这些空间中的共享任务强度？

4. 尝试记录一段共享事件的影像，选取合理的采样间隔，分析在不同时刻下共享任务强度的差异。思考应该使用哪些工具或方法来量化这些时刻的共享事件强度？

第 **8** 章　体感任务

本章编写：叶　扬　邓慧姝　张　利*

教学参考要点

① 教学目的：回答"如何量化人体与空间界面的触感互动"
（Haptic Interaction）的问题。

② 主要知识点：体感任务的关键指标为接触面积，体感任务
的测度，体感任务强度值的计算公式。

③ 内容串接逻辑：本章首先介绍城市建成空间中体感任务存
在的普遍性，随后介绍体感任务的定义，历史上对体感任
务的研究，以及城市人因工程学提供的对其体感任务的研
究工具和简单的应用案例。

④ 建议学生重点掌握内容：熟悉体感任务的测度方法；结合
学生兴趣，选择宿舍、教室、食堂等环境的近体空间体感
任务进行深入研究。

8.1 体感任务的普遍性观察

在重力的作用下，人与周围建成空间时刻发生接触，这种接触为身体提供了必要的支撑。在日常生活中，几乎每一个动作都伴随着与环境的触觉接触，无论是手触摸到的各种表面质地（图 8-1），还是行走时脚下地面的触感（图 8-2），甚至是坐下时身体与座椅的接触。这种普遍的触觉体验构成了人们对空间安全、舒适与否的直观判断基础。

图 8-1　手触摸表面（左图）
图 8-2　日常行走脚下的触感
（右图）

除此之外，人的触觉高度敏感，能够自然判断哪些界面会带来更好的体感，并经常主动选择与周围的建成空间发生接触。例如，人们通常会选择干燥、温度适宜、有良好靠背的椅子或床榻坐卧，因为这些特性使得身体的肌肉得以放松，从而带来舒适的体验。虽然个体对界面的偏好有所不同，但所有人都倾向于增大身体与空间的接触面积，以使个体处于更为放松的状态。因此，身体与环境接触面积的大小成为人精神状态紧张程度的一个天然指标。

建成空间中，人与空间界面的泛接触使得这种体验成为空间干预的重要考量。通过触觉和身体姿态的变化，体感能够直接影响个体对空间的认知和体验。体感任务不仅关系到如何优化空间的使用效率，还与空间的愉悦性和舒适度密切相关。研究表明，身体作为感知的主体，在空间中的移动、触摸、坐卧等行为能够影响人的情绪和体验，从而塑造整体的空间感受。通过对室内空间设计和家具布局的研究，可以发现那些更加契合人体工学和日常生活需求的设计有助于提升体感舒适度，使得空间不仅仅是视觉上的美学享受，更是全方位的身体感知体验。因此，体感任务也成为空间体验的四个基本任务之一。

8.2 体感任务定义

体感（Haptics），指人通过体表不同部位，如脚、肩、臀、肘、背等，与空间界面的接触互动（图 8-3）。体感任务主要关注的

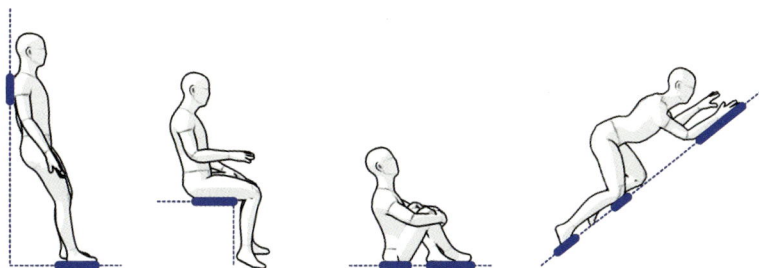

图 8-3　接触面积

是在建成空间中，如何通过增强人与空间界面的接触互动，增进人对空间体验的获取。

体感任务有一个关键指标：接触面积（Surface Area of Contact）。不难发现，这一面积指标对于发生接触的两种表面，即身体表面和空间界面的表面而言，事实上是相等的。

如前所述，接触面积是人精神状态紧张程度的天然指标，而该面积的大小是由人在环境中的身体姿态所决定的。也就是说，可以从识别人的动作姿态开始分析出人与空间环境的接触面积大小，进而判别人的心理状态，这是体感任务分析的一个重要潜力所在。例如，在与熟人喝咖啡闲聊，或在休闲度假晒太阳时，人们的身体与咖啡座椅或沙滩椅之间的接触面积是接近可能的最大值（图 8-4）；而在严肃的会议环境，或参加重要考试的笔试环节时，人们的背、臀、肘等与相应的椅面及桌面的接触面积都是被主观严格限制的。

图 8-4　人的身体与沙滩椅的接触面积

在研究实测中，用于接触空间界面的人的体表面积是不容易获得的，而与人的体表接触的空间界面的面积是可通过压敏设备等获得的，因而在体感任务测度及方法中，使用的接触面积指标多是针对空间界面端的。

8.3　体感任务强度

体感任务可通过接触发生的有无来判别在相应的时间片（Net Processing Time Slice）上该任务是否存在。在现有技术下，多是通过一定帧率对连续发生的体感任务进行采样，同时判断该采样间隔内体感任务是否发生，进而标记该时间片为有效或无效，再对其进行加和，以此来量化整个体感过程（图 8-5）。

图 8-5　接触面积时间片标记

具体计算公式为：

$$\varepsilon = \frac{1}{T \cdot N} \sum_{i=1}^{M} T_i \sum_{j=1}^{N} E_{ij} \qquad (8-1)$$

式中　ε——体感任务强度值；

　　　T_i——第 i 次采样间隔；

　　　T——采样总时长；

　　　N——总人数；

　　　M——采样总次数；

　　　E_{ij}——第 j 个人在第 i 次采样的时间片内的接触面积比。

对于 E_{ij},

$$E_{ij} = \begin{cases} \dfrac{SF_j - S_{ij}}{SF_j}, \ 0 \leq S_{ij} \leq SF_j \\[3mm] \dfrac{S_{ij} - SF_j}{SBA_j - SF_j}, \ SF_j < S_{ij} \leq SBA_j \end{cases} \qquad (8-2)$$

式中　SF_j——第 j 个人站立时双脚底面与界面的接触面积，可近似用双脚底面积代替；

　　SBA_j——第 j 个人的身体表面积；

　　　S_{ij}——第 j 个人在第 i 次采样的时间片内体表与界面的接触面积。

8.4　历史上对体感任务的研究

　　体感任务关注身体与包被身体的空间界面的互动，聚焦在"看得见、摸得着"的建成空间中"摸得着"的部分，是除拟人比例（Anthropomography）之外在建筑学涉及人体的讨论中最长久的话题。古今中外，这一话题通过建成空间的墙面、地面、材料、家具、装置等得以持续地丰富呈现。

　　体感作为不同于视听的空间体验，很早就得到知识界的注意。

在 14 世纪初，元代画家刘贯道的《梦蝶图》形象地解释了先秦文字中关于庄周卧于石榻的场景（图 8-6），画中人物以身体最大的界面接触粗糙的石板，强调了舒适自在的身体感受。随着解剖术的发展深化了对人体的认知，文艺复兴时期以来，鲁本斯（Peter Paul Rubens）、弗朗索瓦·布歇（Francois Boucher）等画家依托神话和宗教故事的内容创作了大量生动描述了人体躺、卧、坐姿态的作品，表现了人体与复杂界面的接触。此外，值得一提的是 1878 年美国画家玛丽·卡萨特（Mary Cassatt）创作的《蓝色扶手椅上的小女孩》（*Little Girl in a Blue Armchair*），小女孩在椅中的姿态传递出她具有的安全感和自信。

图 8-6 《梦蝶图》

（注：作者为元代刘贯道，现存故宫博物院）

不论是通过"自发的"还是"自觉的"人体工学，体感都是家具设计不可忽视的内容。明代的圈椅通过曲线靠背和圈形扶手贴合人坐下时的身体曲线，对腰部和手臂提供支托作用。1976 年，由赫曼·米勒（Herman Miller）家具品牌创造的埃尔贡（Ergon）椅是人体工学办公椅的先驱。它提供了泡沫填充的座椅和靠背，以此来分散人体承受的压力；同时，其脊柱曲线的设计基于对办公室职员动作的延时摄影，并通过可调节高度和倾斜度，为久坐办公提供更舒适的体验。1984 年，泰杰·埃克斯特罗姆（Terje Ekstrøm）设计的"百变"系列（Varier Furniture）休闲座椅具有独特的几何形状，提供多种非常规坐姿的可能性，使膝盖、腹等部位都能够成为接触面，以增强日常生活中体感的丰富度。

在建筑中，墙面和地面是人们日常接触最多的垂直与水平空间界面，对它们体感的创造性营造也会引起人们最大的注意。2021 年威尼斯双年展国家展馆作品中，有的地面被替换为沙子铺面，为身体提供自然触感，以降低观众的压力水平。福井大学的西本雅人[①]在 2019 年的 KO 幼儿园项目中，基于跑、跳、堆、端等 36 个幼儿期需习得的基本身体动作来设计墙面、地面、爬行管道、攀爬网，鼓励学龄前儿童通过非手脚的身体部位接触环境，锻炼幼儿的身体感知与协调能力（图 8-7）。

体感任务在与建成空间相关的理论研究中也从未缺席，且在现代以来，因其与心理学、人机交互、社会学等领域的交织，更受到广泛关注。自 20 世纪 50 年代起，心理学领域开始强调皮肤、关节和肌肉上的"近端感觉"（Proximal Sense），并将其定义为视觉之

---

① 日比野设计 KO 幼儿园，爱媛，日本 [J]. 世界建筑，2020（8）：82-87.

图 8-7　KO 幼儿园
（图片来源：日比野设计 . KO 幼儿园，爱媛，日本 [J]. 世界建筑，2020（8）：82-87.）

外的另一种获取空间信息的重要方式。[1][2] 建筑思想家尤哈尼·帕拉斯玛（Juhani Pallasmaa）[3] 在《肌肤之目：建筑与感官》（The Eye of the Skin: Architecture and the Senses）中提出身体是感知的主体，批判了视觉中心主义，强调多重感官的整体性特征。皮肤触感、身体姿势与视觉、嗅觉等感官一道构成了完整的空间体验。室内设计师帕内罗和泽尔尼克[4] 在 1979 年出版的《人体尺度与室内空间：设计参考标准》（Human Dimension & Interionr Space: A Source Book of Design Reference Standards，图 8-8）中，以人体尺寸和动作分析数据集支持室内空间与家具设计，使得室内空间的布局更符合现代人的日常工作与生活方式。社会学家昂利·列斐伏尔（Henri Lefebvre）在《走向一种享乐建筑》（Towards an Architecture of Enjoyment）一书中提出建筑是感官、形式、话语、身体和观念的集合。列斐伏尔[5] 从人类学、

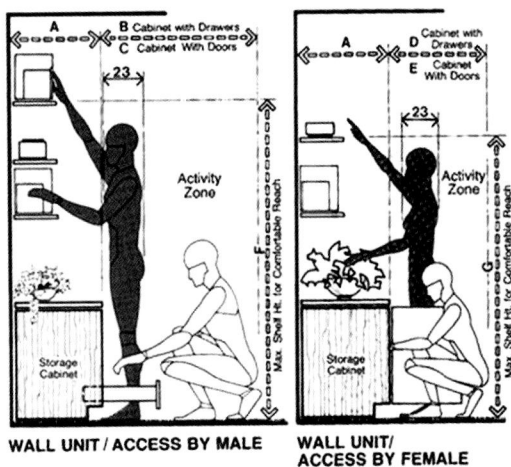

图 8-8　不同的人体尺度对应不同的身体动态范围，对于室内物品设置的需求不同[6]
（图片来源：引自 PANERO J，MARTIN Z.Human Dimension & Interior Space: A Source Book of Design Reference Standards[M]. Watson: Watson Guptill，1979.）

①　RÉVÉSZ G. Psychology and Art of the Blind[M]. London: Longmans, Green, 1950.
②　MILLAR S.Processing Spatial information from Touch and Movement[C] // HELLER M, SOLEDAD B. Touch and Blindness. New Jersey: Lawrence Erlbaum Associates, 2006: 25-49.
③　PALLASMAA J. An Architecture of the Seven Senses[J]. Architecture and Urbanism of Tokyo, 1994: 27-38.
④　PANERO J, MARTIN Z. Human Dimension & Interior Space: A Source Book of Design Reference Standards[M]. Watson: Watson-Guptill, 1979.
⑤　LEFEBVRE H. Toward an Architecture of Enjoyment[M]. Minneapolis, Saint Paul, USA: The University of Minnesota Press, 2014.
⑥　详见帕内罗·泽内尼克《人体尺度与室内空间》137 页 .

历史学、心理学等角度出发，阐释了建筑与城市空间如何带来愉悦的身体感受。近年来，社会学对身体感知的研究更加技术化。马克·帕特森（Mark Paterson）在《触觉：触觉、影响和技术》（*The Senses of Touch：Haptics，Affects and Technologie*）中介绍了基于触觉的穿戴式设备和其情感治疗、数字化设计、美学体验等方面的作用。[①] 在人机交互领域，以指端反馈为代表的触觉体验已经成为被广泛讨论与研究的议题，触觉与产品的可感知度和沉浸度密切相关。[②③]

8.5　体验任务案例

8.5.1　城市体表

城市体表（Urban Skin）是 2019 年深港城市\建筑双城双年展的一项实验性互动体验装置（图 8-9），其对"哪种空间界面形态会更吸引人与之接触"这一问题进行了探索。

图 8-9　城市体表装置

城市的"体表"是一个集成多种空间抽象原型的连续起伏界面，人们可以在此界面上自由移动，坐、躺、跑、跳。这些原型由常见的公共空间界面形态提取而来，包括缓坡、台阶、下凹、假山等，在日常城市生活中，人们经常与这些界面发生体感互动（图 8-10）。城市体表通过在"体表"下层置入压力传感器网络，采集人与界面上各位置的接触次数，对各界面形态的体感吸引度进

图 8-10　城市体表发生的体感互动

---

① PATERSON M.The Senses of Touch[M]. Oxford：Berg Publisher，2007.
② 以智能手表振动功能和触感仿真的操作手柄（手套）等产品为代表。GAO S，YAN S，ZHAO H，et al. Touch-Based Human-Machine Interaction：Principles and Applications[M].Berlin：Springer，2021：1-240.
③ SCHNEIDER O，MACLEAN K，SWINDELLS C，et al. Haptic Experience Design：What Hapticians do and Where They Need Help[J]. International Journal of Human-Computer Studies，2017（107）：5-21.

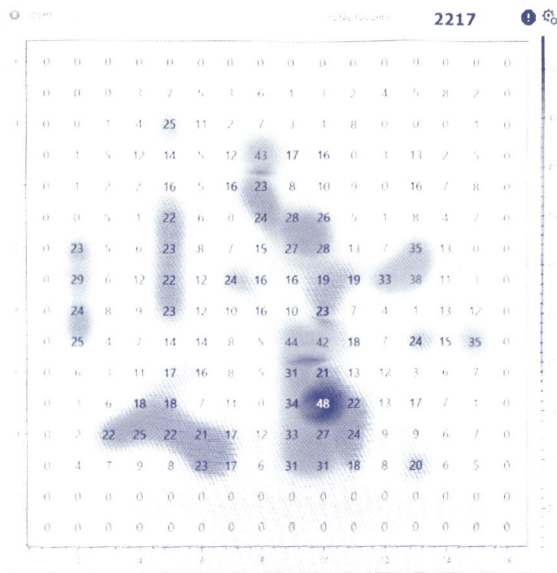

图 8-11 城市体表实验数据

行评测。

在实际体验过程中，人们不仅仅通过脚与界面接触，也在坐、躺、跑、跳的过程中与界面产生了更大的接触面积（E_{ij}），压力传感器网络采集到的数据揭示了接触面的分布状况。如图 8-11 所示，根据在实验周期内记录的 18 732 组身体—界面接触数据，发现更大面积的接触出现在 A、B、C 这 3 个区域。其中，A 区为 18° 陡坡区域，结合在场观察可以发现，很多人，尤其是儿童，喜欢从坡上跑下或滑下，并不断重复此行为；B 区为具有下沉斜坡的小坑区域，结合在场观察可以发现，人们喜欢沿着小坑周围环绕，并在小坑中跳跃或躺下；C 区为缓坡中的小平台，结合在场观察可以发现，人们喜欢重复踩踏或坐在缓坡上的小平台上。根据此实验结果，可以看出，相比于常规的正交台阶区域，具有斜面的区域与身体发生了更多接触互动，这些区域的体感任务强度占总强度的 66.3%。

8.5.2　谷家营小镇广场及艺术中心

谷家营小镇广场及艺术中心位于谷家营园艺小镇中心，主要表现为一个角部向上卷起的由竖放的瓦片形成的广场，卷起的部分揭示出地下的艺术空间（图 8-12）。人在斜坡上行走时，脚与地面角度的变化会带来受力上的不同，从而带给人特殊的记忆。通过卷起坡面的设计，可以诱发人们的好奇心和探索欲，例如，婴儿可以在坡面上学步（图 8-13）。这一空间基于体感任务"增大接触面积"的原则而设计，增加了体感任务发生的可能性。

在空间抽象层方面，设计者通过将瓦片铺设成向上卷起的斜坡形成独特的空间形态，利用斜坡揭示出地下艺术空间的入口，试

图 8-12　谷家营小镇广场掀起一角的形态（左图）
图 8-13　幼童利用缓坡学步（右图）

图达到以下目的：增大人与空间界面的接触面积，诱发人的探索行为，创造独特记忆点。卷起的斜坡增加了人的脚底与地面的接触面积，相比于平地，能让人获得更丰富的触觉体验，激发人的好奇心，吸引人们前往探索斜坡背后隐藏的地下艺术空间；行走在斜坡上，脚与地面的角度变化带来的受力差异，能给人留下特殊的空间记忆。该设计增大了人与空间界面的接触面积，根据公式，采样到的时间片内人的脚底与斜坡的接触面积比 E_{ij} 会较大，从而提高整体的体感任务强度值 ε。

在体验抽象层方面，实际使用中，人们在斜坡上产生了设计者所期望的行为和体验：在斜坡上行走时脚底与地面角度变化带来的触觉体验，斜坡增加接触面积后，在物理上提高了体感任务强度，带来了更丰富、多元的体感互动可能；掀起一角的空间也更好地吸引人们去探索斜坡背后的地下艺术空间。

由此可见，体验抽象层与空间抽象层是相匹配的，两个抽象层之间的"功"和"用"实现了有效对应。

8.5.3　苏州国际设计周"师无水"

苏州国际设计周的装置"师无水"是一个无水卫生间，位于苏州网师园内。该装置主要采用欧松板和玻璃砖建造，占地面积约为 $7m^2$，为来往游人提供便利（图 8-14）。其设计灵感源自抽象的假山，整体形象融入园林环境。"师无水"外部为由欧松板搭建的不同尺度的方形盒子，中部是由空心玻璃砖砌筑的墙体，内部是一个临时的环保打包厕所。

在空间抽象层方面，欧松板盒子的组合形成的抽象假山，与网

图 8-14　网师园中的"师无水"装置

图 8-15 "师无水"形成的通道

师园中原有的假山相互呼应，在假山和若干欧松板盒子间形成 1 条引人探索的通道（图 8-15）。该设计意图引发以下效果：吸引人们绕行到假山与装置相邻的一侧，增加人们在通道中身体与两者的接触面积，从而使得 E_{ij} 增大，进一步地提高了整体体感任务的强度值 ε，丰富人们的触觉体验。

在体验抽象层方面，装置在 1 个月的时间内吸引了逾 400 人进行体验。在体验过程中，人的身体自然而然地与装置和假山产生接触，这种身体接触的频次增加，进一步激发了人们深入空间的欲望。

8.6 本章小结

本章首先介绍了体感任务在建筑与城市中的普遍性。体感指的是通过身体不同部位与空间界面的互动，特别关注人与空间界面的触觉互动。接触面积是衡量体感任务的重要指标，可通过采样间隔内的接触面积比来量化体感任务强度。然后，本章系统回顾了体感任务的研究历史，涉及建筑学、人体工学、心理学等多个领域；最后通过 3 个具体案例展示了如何通过设计增大人与空间界面的接触面积，从而提升体感任务强度和整体体验。

课后思考题

1. 如何通过设计优化公共空间中的体感任务，以提高使用者的舒适度和愉悦度？

2. 请说明接触面积对体感任务的意义，并结合实际场景描述体感任务发生的判定标准及测度方法。

3. 结合具体环境（如教室、宿舍），讨论如何利用体感任务的原理改善空间布局，提升体感任务强度。

4. 选择一个公共空间中的建筑元素，分析其在体感任务中的角色，思考可以使用哪些方法量化体验强度，并提出改进建议以增强用户体验。

第 **9** 章　室内寻路问题

本章编写：梅笑寒　陈昱弘　张　利 *

教学参考要点

① 教学目的：梳理与室内寻路空间体验相关的城市人因研究方法。

② 主要知识点：室内寻路问题基于空间体验任务的拆解；室内寻路空间体验现有研究；城市人因研究方法在具体设计问题中的应用路径。

③ 内容串接逻辑：本章首先定义何为"室内寻路问题"，并对其进行空间体验任务的拆解；进而综述现有的关于室内寻路空间体验的研究；最后结合设计研究案例，解析城市人因研究方法在解决具体设计问题时的应用。

④ 建议学生重点掌握内容：熟悉室内寻路问题的研究思路、常用测度及实验方法；结合学生兴趣，对某 1~2 个室内寻路的典型案例进行深入研究。

9.1 问题定义

寻路是人们日常生活中经常会遇到的问题：在室内，人经常需要找寻特定的房间或出入口；在城市中，人经常需要寻找地铁站或办公楼。这一行为在建成空间中频繁发生，深刻地影响着人们的空间体验质量。高品质的空间设计应当能够提供清晰易懂的线索来直观地引导用户，减轻用户的认知负荷，减少对辅助工具（如移动导航系统）的依赖，使人们能够高效顺畅地到达目的地。

20 世纪 60 年代，凯文·林奇（Kevin Lynch）将寻路定义为"依靠环境线索找到通往目的地的道路的过程"。[①] 既有对寻路问题的研究可以主要分为三类。第一类研究关注易读性（Legibility），也可称为可读性，主要聚焦于人对整体空间的感知和辨识，关注脑海中对空间结构的认知。第二类研究关注空间导航（Navigation），即从一个点开始寻找明确的目的地，主要聚焦于寻路效率。第三类研究关注路径选择偏好（Route Preference），主要聚焦于路径选择的原因和结果，是瞬时决策的问题。本章的"室内寻路问题"主要探讨在大型公共建筑室内，人们寻找明确目的地时的寻路效率与空间线索之间的关系。

室内寻路问题可以拆解为识别任务辅助下的漫游任务，此时的漫游以去往为目的。由于每个个体寻路的总时长不一定相同，此时漫游任务强度值与识别任务强度值的计算在式（2-1）的基础上略有调整，如式（9-1）所示。

$$\varepsilon = \frac{1}{N} \sum_{j=1}^{N} \frac{1}{T_j} \sum_{i=1}^{M_i} E_{ij} T_{ij} \qquad (9-1)$$

式中　T_{ij}——第 j 个人寻路时的采样时间间隔；

T_j——第 j 个人寻路的总时长；

M_j——第 j 个人寻路的采样总次数。

对该问题的分析可以从两个方面入手：

（1）对于漫游任务，以不绕圈的情况下通过且仅通过一次的路径作为有效路径，计算在有效路径上花费时长与总寻路时长的比值，进行体验强度的评估。即当被试位于有效路径上时，E_{ij} 取 1；其他时刻 E_{ij} 取 0。

（2）对于识别任务，采用识别任务的人因测度对寻路过程中感知空间线索的情况进行分析。通过采集寻路过程中眼动、皮电等数据，可以对被试识别引导标识、地标（Landmark）等空间线索的强度进行分析，对被试的体验抽象层进行量化描述。

---

① LYNCH K. The Image of the City[M]. Cambridge：The MIT Press，1964.

9.2　现有研究

9.2.1　寻路的空间结构认知与量化

　　有关寻路的第一类研究强调人们在探索空间的过程中会在脑海中形成对空间结构的认知，这种对空间结构的认知影响了人们的路径决策。其中，最具代表性的是认知地图研究。

　　1937 年在山西五台山发现唐代佛光寺大殿后返程遇阻的林徽因，在给女儿梁再冰的信中，绘制了他们从北平出发到回程的路线。这种路线图反映了人们对于空间结构的心理认知。"认知地图"（Cognitive Map）概念最早由心理学家托尔曼（Tolman）提出，[①]在建筑与城市规划领域，凯文·林奇发展和补充了认知地图的概念与方法。20 世纪 60 年代，林奇在研究波士顿、泽西城和洛杉矶这 3 个城市的时候，邀请被试画下自己对空间的记忆，尝试研究居民对城市空间体验与记忆的共性特征。[②]这正是一种从体验抽象层出发的研究方法。基于居民绘制的地图，林奇总结了在寻路或者是记忆当中会经常被提及的 5 种空间要素：道路（Path）、节点（Node）、地标（Landmark）、边界（Edge）及区域（District）。如图 9-1 所示为波士顿的城市意象地图，地图中用圆形、连线、阴影等图案标出了波士顿的代表性空间要素，例如正中间的节点、旁边供人休憩的大的草坪、波士顿的综合医院等。通过这种方式，林奇还试图归纳城市空间可能存在的一些设计问题（图 9-2），例如

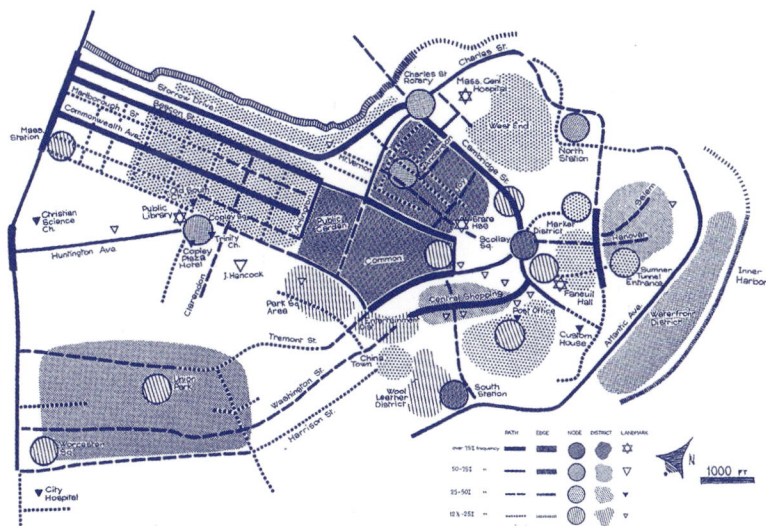

图 9-1　波士顿的城市意象地图
（图片来源：引自 LYNCH K. The Image of the City[M]. Cambridge：The MIT Press，1964.）

---

① TOLMAN E C. Cognitive Maps in Rats and Men[J]. Psychological Review，1948，55（4）：189-208.

② LYNCH K. The Image of the City[M]. Cambridge：The MIT Press，1964.

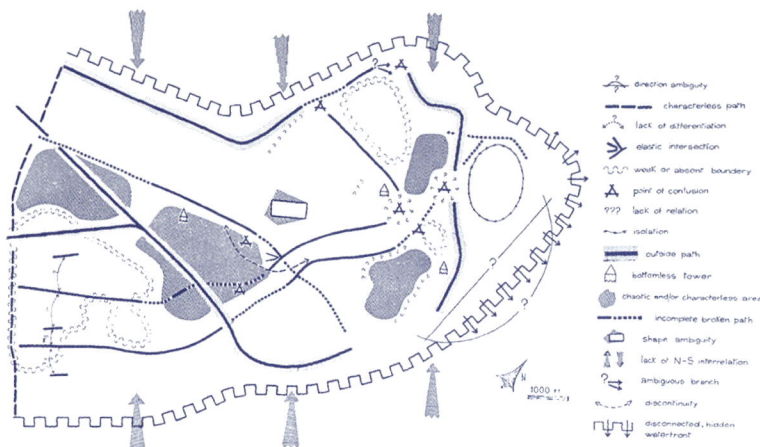

图 9-2 波士顿城市空间可能存在的设计问题
（图片来源：引自 LYNCH K. The Image of the City[M]. Cambridge：The MIT Press，1964.）

一些人们难以记忆的点或是感到困惑的点、找不到方向的点。

据此，林奇提出了易读性（Legibility / Imageability）这个概念，用来衡量城市居民对所生活的城市空间结构感知的清晰程度。这一概念成为后续研究寻路问题的重要切入点，而认知地图作为一种对人的空间结构感知的抽象与表达方式，也成为研究空间认知的重要图解工具。例如，在 20 世纪 80 年代，李道增讲授环境行为学概论的时候，清华大学建筑系学生曾经绘制清华校园的认知地图（图 9-3）。在当时的地图中，中央主楼是南部区域的核心节点，而主楼南侧尚未建成。有 20% 的学生认为清华的中心在主楼，而有 70% 的学生认为校园中心在大礼堂—二校门区域。图中颜色越深的地方就代表该要素在所有样本中出现的频率越高，也就是易读性越强。

在林奇提出易读性概念后，许多学者试图量化空间的易读性，

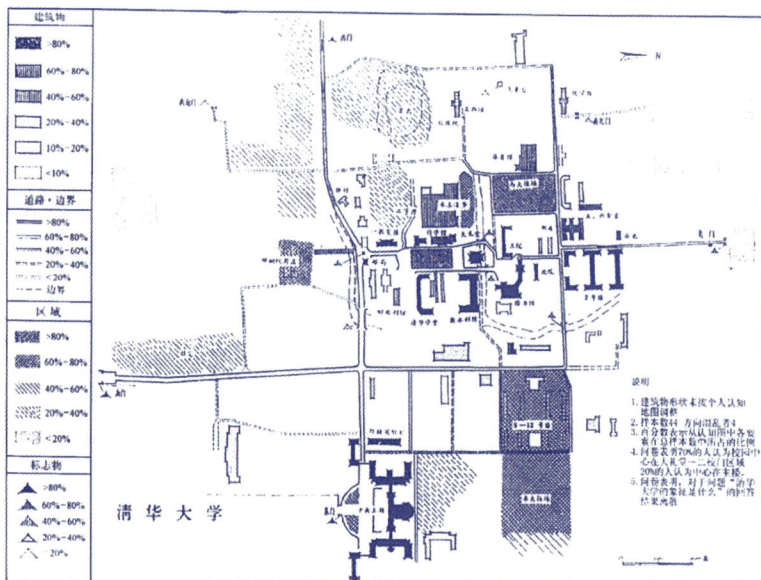

图 9-3 20 世纪 80 年代清华大学认知地图
（图片来源：李道增 . 环境行为学概论 [M]. 北京：清华大学出版社，1999.）

试图对空间进行抽象和计算来拟合人的认知体验，其中最具代表性、使用最广泛的方法之一是空间句法（Space Syntax）。20 世纪70 年代，比尔·希勒（Bill Hiller）等人提出了空间句法，使用基于拓扑的关系图解（Justified Graph）描述空间形态。[①] 在随后的几十年中，学者们在此基础上创造了一系列指标来量化描述，其中连接值（Connectivity）、深度值（Depth）、整合度（Integration）、可理解度（Intelligibility）等常用于评估空间的易读性。一般认为，更高的连接值、更低的深度值、更高的整合度和更高的可理解度代表着这个空间的结构更容易被认知。视域分析（Visibility Graphs / Isovist）方法的提出，将空间句法从侧重平面拓扑关系计算扩展到了视觉可达性的计算。[②] 有研究通过追踪人们在美术馆参观前 10min的行动轨迹，并将其与视域分析结果相比较，发现二者有较高的相似性。[③] 时至今日，基于空间构型对视觉可达性或视域进行评估和计算依然是寻路研究的重要方法之一。

空间句法等对空间构型的量化研究方法为寻路研究带来了很多启发，但同时也可以看到，这类计算大多是基于平面形态的。在实际的寻路过程中，人们更多依靠视觉来体验空间，然后形成记忆，而非靠平面图来形成空间记忆，这也是基于空间句法的寻路研究的局限所在。

9.2.2　寻路的信息处理及生理基础

寻路的信息处理研究将空间认知过程描述为对界面信息的感知和处理过程，认为人们在寻路过程中对空间界面信息有选择性地识别和记忆，并据此进行路径决策。

纽维尔（Newell）和西蒙（Simon）在 20 世纪 60 年代前后提出的信息处理系统（Information Processing System）认为人们在解决问题时，会识别问题的初始状态、中间状态和目标状态，解决问题的过程是从一个状态到下一个状态的"移动"（Moves），并识别每一次"移动"所需的资源。[④] 受到这种理论的启发，寻路过程被认为是一个问题解决的过程，包含信息处理（Information Processing）、决策制定（Decision Making）、决策执行（Decision

---

① 张愚，王建国 . 再论"空间句法" [J]. 建筑师，2004（3）：33-44.

② TURNER A, DOXA M, O' SULLIVAN D, et al. From Isovists To Visibility Graphs：A Methodology for the Analysis of Architectural Space[J]. Environment and Planning B：Planning and Design，2001，28（1）：103-121.

③ TURNER A, PENN A. Making Isovists Syntactic：Isovist Integration Analysis[C]. Brasilia, Brazil：Proceedings of 2nd International Symposium on Space Syntax，1999：103-121.

④ NEWELL A, SIMON H A. Human Problem Solving[M]. New York：Prentice-Hall，1972.

Executing）3 个阶段。^①在寻路过程中，人们感知环境线索，有选择性地将其提供给大脑，形成对空间的认知和记忆，制定前往下一个目的地的路线。

因此，这类研究往往关注什么样的空间线索可以被注意到、被记忆下来，甚至成为地标，眼动、皮电、心电、脑电、身体动作、时空位置等人因测度也已经开始在这类研究中被用于衡量寻路过程中人们对空间线索的识别和认知。其中，眼动数据和时空位置数据的应用最为广泛。眼动数据常被用于评估地标的显著性，通过计算首次注视时长、总注视时长、回视次数等，有学者尝试对人们在室内环境中寻路时的注视偏好进行分析，归纳能作为地标的物体的特征；^②或用于对路径选择错误的成因进行分析，对空间样本进行针对性的设计干预。^③时空位置数据则一直被视为寻路研究的基础测度，折返次数、寻路时长、停顿次数等常被用于评估寻路效率。

近年来，随着人因工程和神经科学等领域的发展和成熟，对寻路认知的生理基础研究发展迅速。与寻路相关的脑科学研究有一个黄金被试群体，即出租车司机，他们对于城市道路、地标的记忆高于常人。2000 年的一项研究用功能性磁共振成像（fMRI）观察司机和普通人的海马体，发现出租车司机海马体比普通人更大，^④这说明出租车司机在不断完成寻路任务的过程中脑结构发生了变化。

人们大脑中的海马体与寻路高度相关，它是负责储存和编码空间记忆的重要结构。2014 年诺贝尔奖的医学奖颁发给了两个研究：一个发现了海马体中可以编码位置的位置细胞（Place Cell），一个发现了内嗅皮层中的网格细胞（Grid Cell）。研究表明，位置细胞会在老鼠位于某些特定位置的时候发生放电活动（Fire），如果把老鼠放到另一个空间，则这种范式会被打乱，或者称为更新（Remap）。内嗅皮层的网格细胞则会在一个空间中以六边形网格的方式发生放电活动，仿佛这些细胞给这个空间画了格子。^⑤此外，Moser 实验室还在内嗅皮层发现了编码方向的细胞（Head Direction Cell）和

① ARTHUR P, PASSINI R. Wayfinding: People, Signs, and Architecture[M]. New York: Mc Graw-Hill Book Co., 2002.
② YESILTEPE D, CONROY D R, OZBIL T A. Landmarks in Wayfinding: A Review of the Existing Literature[J]. Cognitive Processing, 2021, 22（3）: 369-410.
③ SUN C, LI S, LIN Y, et al. From Visual Behavior to Signage Design: A Wayfinding Experiment with Eye-tracking in Satellite Terminal of PVG Airport[C]. Singapore: Proceedings of the 2021 Digital FUTURES: The 3rd International Conference on Computational Design and Robotic Fabrication（CORF 2021）, 2022: 252-262.
④ MAGUIRE E A, GADIAN D G, JOHNSRUDE I S, et al. Navigation-related Structural Change in the Hippocampi of Taxi Drivers[J]. Proceedings of the National Academy of Sciences, 2000, 97（8）: 4398-4403.
⑤ Bellmund J L S, Gärdenfors P, Moser E I, et al. Navigating Cognition: Spatial Codes for Human Thinking[J]. Science, 2018, 362（6415）: eaat6766.

编码空间边缘的细胞（Border Cell）。科学家在大鼠、蝙蝠、猴子、人类上都陆续发现了类似的现象，这说明多种动物对于空间的编码存在生理基础上的共性。这些生理基础研究可以视为对空间结构认知理论的支撑，表明人们在探索空间时发展了对空间结构的认知，对于空间结构认知的准确性可能有助于其寻路表现。

9.3　案例分析：人民广场地铁站标识位置

上海市人民广场地铁站是特大型三线换乘枢纽站，总建筑面积达 17.61 万 m^2，是上海市轨道交通网络基础架构"十字加环"结构的中心点。地铁站日均进出及换乘客流量达 60 万人次，节假日极端客流量高于 70 万人次，居上海地铁线路网首位。由于客流量大，交通流线复杂，加之乘客中有相当部分游客对地铁站情况并不了解，故现有引导标识设计难以满足寻路需求，部分空间易发生人员滞留现象。

9.3.1　数据采集

地铁站往往存在两种代表性寻路任务：前往站台乘车、下地铁后前往地铁站出口。上海市人民广场地铁站共有 18 个出入口（图 9-4），通往 1 号线、2 号线、8 号线三条线路站台的标识分别采用不同颜色。基于现场调研，前往目标站台乘车相对容易，而寻路困难多发生在前往地铁站出口的情况下。根据现场预实验结果，研究选取三组寻路任务进行进一步虚拟现实环境正式实验（图 9-5）。

在佩戴 VR 头显并熟悉了手柄操作后，被试被随机分配三条寻路任务路线中的一个，在沉浸式环境中从站台出发，凭借场景中的信息独自寻找目的地出入口。如果被试无法找到目的

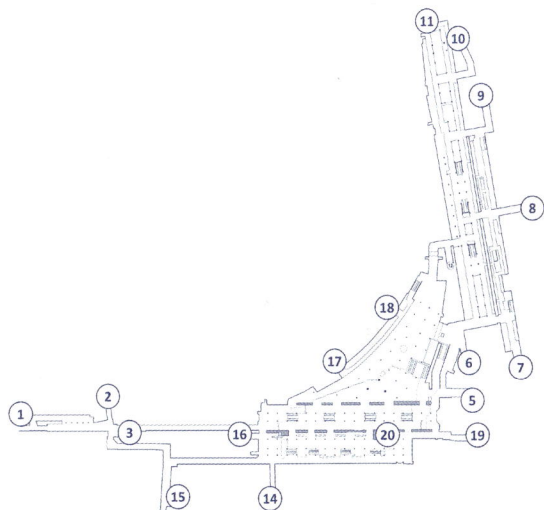

图 9-4　人民广场地铁站出口位置

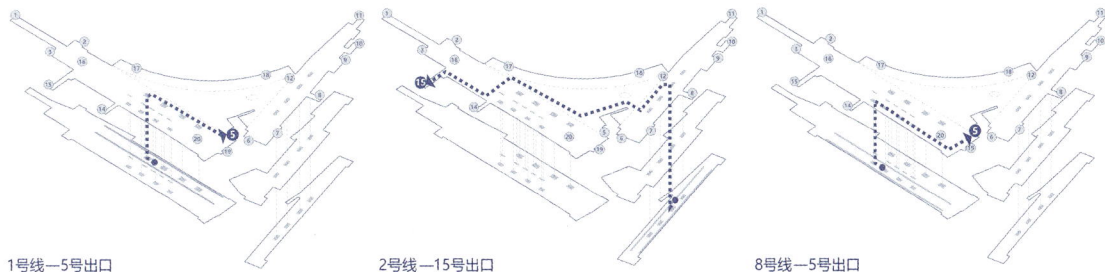

1号线—5号出口　　　2号线—15号出口　　　8号线—5号出口

图 9-5　人民广场地铁站寻路任务设置

117

地，则其寻路体验强度被记录为 0。

9.3.2 数据处理

在正式试验中，共收集到 55 组有效的寻路数据。研究通过内置脚本完成对眼动追踪数据和时空位置数据的采集。采用 Velocity-Threshold Identification（I-VT）算法进行注视数据的筛选，[①] 被试在人民广场地铁站寻路时的平均单次注视时长为 0.24s，与既有研究在地铁站现实环境寻路实验中得到的平均单次注视时长相似，[②] 说明了本研究在虚拟现实环境中得到的眼动追踪数据的可靠性。

室内寻路问题可以拆解为识别任务辅助下的漫游任务。对于漫游任务，通过被试在有效路径上花费的时长来判断体验强度。具体包括以下步骤：①参考人民广场地铁站的空间模数和领域，对地铁站进行网格划分和调整；②当被试再次进入同一个网格区域时，视为绕圈情况发生，梳理被试寻路过程中的有效路径；③计算被试漫游任务强度值 ε。

对于识别任务，通过被试注视不同位置引导标识的注视时长来判断体验强度。具体包括以下步骤：①根据输出数据中的聚焦点语义信息，筛选出被试注视引导标识时的注视点位置坐标；②计算此时注视点位置与被试眼睛位置的相对距离；③在竖直方向上，计算被试对不同高度的引导标识的体验强度，分析乘客在竖直方向上对引导信息高度的注视选择；④在水平方向上，对于竖直方向优先注视的高度，统计乘客在注视引导标识时的相对距离分布，分析引导标识出现的理想位置。

9.3.3 寻路效率：漫游任务强度评估

参考人民广场地铁站的空间模数和领域，对地铁站进行网格划分和调整（图 9-6）。

当被试位于有效路径上时，E_{ij} 取 1；其他时刻 E_{ij} 取 0。将 E_{ij} 代入式（9-1）计算漫游任务的体验强度 ε。体验强度 ε 越高，意味着被试的寻路效率越高。计算得到三组被试在人民广场地铁站寻路时的平均体验强度为 0.54。其中，以 15 号出口为目的地的被试的平均强

① SALVUCCI D D, GOLDBERG J H. Identifying Fixations and Saccades in Eye-tracking Protocols[C]//Proceedings of the 2000 Symposium on Eye-tracking Research & Applications. New York: Association for Computing Machinery, 2000: 71-78.
② 徐建，朱小雷，王朔. 基于现场眼动实测及虚拟场景的地铁站路径选择实验：以三个广州地铁站为例[J]. 新建筑，2019（4）：26-32.

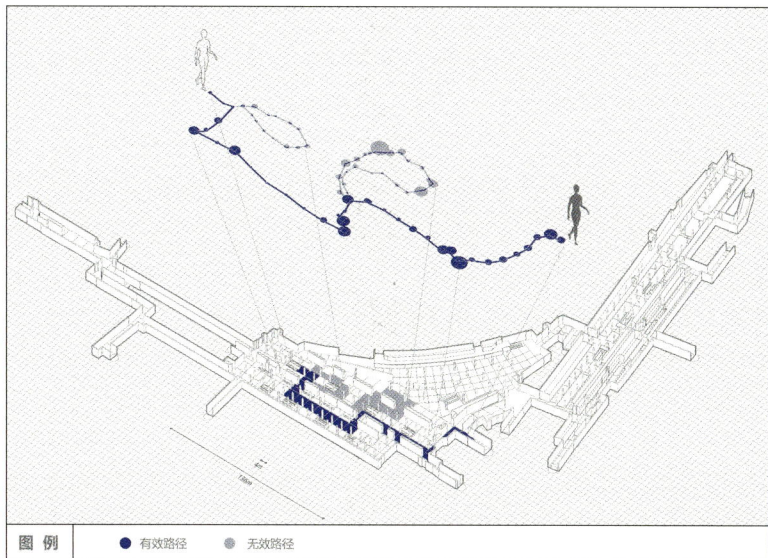

图 9-6 人民广场地铁站漫游任务强度评估示意图

度明显高于另外两组，达到 0.77；而以 5 号出口为目的地的两组被试的平均强度仅为 0.40 和 0.48，且有 3 名被试未能成功找到目的地。

9.3.4 标识位置选择：识别任务强度评估

根据引导标识的高度，上海市人民广场地铁站的标识可大致分为三组：①高于视平线：这类标识往往呈一长条，只包含指向较近出口的单向箭头引导信息；②位于视平线高度：这类标识往往包含较为全面详细的出口方向信息，地图类标识也常位于这一高度上，但数量较少；③低于视平线：这类标识往往位于地面上，包含多个方向的箭头，指向邻近的几个出口。

如图 9-7 所示为被试识别标识时的注视点高度分布。在竖直方向上，图 9-7（a）部分显示了被试对于不同高度的引导标识的注

图 9-7 被试识别标识时的注视点高度分布

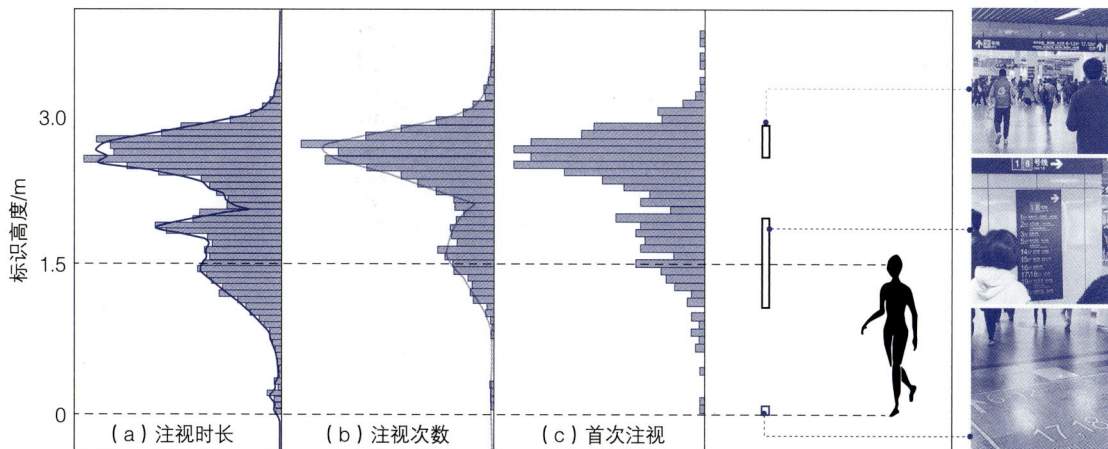

（a）注视时长　（b）注视次数　（c）首次注视

视时长分布。当被试注视某一高度组的标识时 E_{ij} 取 1，其他时刻 E_{ij} 取 0，代入式（9-1）计算识别任务的体验强度 ε。计算得到高于视平线组的体验强度约为 0.16，位于视平线组的约为 0.13，而地面上的标识仅为 0.01。

进一步分析被试对于不同高度引导标识的注视次数分布（图 9-7b 部分）和被试在路径决策点对于引导标识的注视顺序（图 9-7c 部分），可以看出被试倾向于优先且更多次注视高于视平线的引导标识，其次是位于视平线的标识，而基本不会首先注意到位于地面的标识。

在水平方向上，基于上述发现，统计被试注视高于视平线和位于视平线两组引导标识时的水平距离。对于高于视平线的标识，如图 9-8 所示，聚类分析结果显示被试对水平距离 2~8m 范围内的标识识别任务强度约为 0.13，占该组别整体体验强度的 83%，此时被试多处于路径交叉口位置（图 9-8 中下排组 1 和组 2 中蓝色圆点），且在 3~4m 范围内最为集中。采用类似方法可以得到，对于位于视平线高度的引导标识，被试对于水平距离 10m 范围内的标识体验强度约为 0.12，占该组别整体体验强度的 89%。

基于上述数据特征，研究认为，乘客在人民广场地铁站寻路过程中更倾向于优先识别 3~4m 范围内的高于视平线的引导标识，这些标识大多为单向箭头，而很少注意到 8m 范围以外高于视平线的

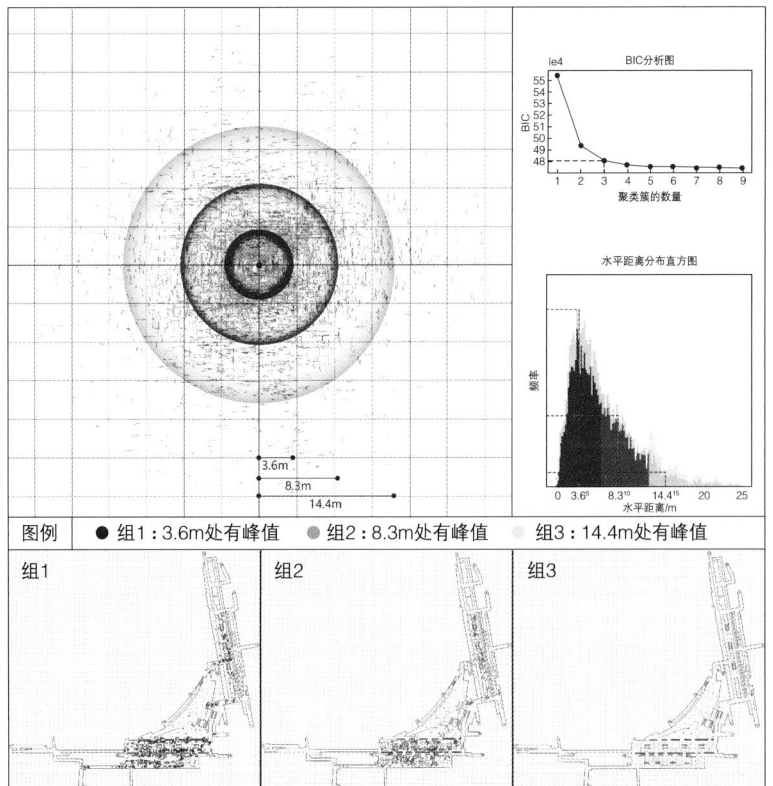

图 9-8　被试寻路过程中注视高于视平线标识时眼睛与注视点的水平距离分布

标识或 10m 范围以外位于视平线的标识，对于地面上的标识则更少注视。

9.3.5　设计干预与检验

对应到抽象层上，以人民广场地铁站一处路径交叉口为例，标识位置的空间抽象层如图 9-9（a）灰色部分所示，标识位于从地面到 4.0m 高度之间，且在约 2.5m、1.5m 和地面上三种高度处有集中分布。乘客识别标识时的体验抽象层如图 9-9（b）蓝色部分所示，人们倾向于在路径交叉口附近优先识别 3~4m 范围内的高于视平线的引导标识，而很少注意到 8m 范围以外高于视平线的标识或 10m 范围以外位于视平线的标识，对于地面上的标识基本不会注意到。空间抽象层和体验抽象层上标识出现位置的不匹配是造成人民广场地铁站寻路问题的重要原因之一。

与传统的采用空间句法等方法进行的室内寻路研究相比，人因分析方法以"看到了标识"替代了可视域分析中的"能看到标识"，从而为标识出现位置提供了基于实证的数据参考。

基于对寻路过程识别任务的分析，本研究提出上海市人民广场地铁站的引导标识应当放置在距离路径交叉口的理想范围内，具体包括以下策略：①对地铁站所有路径交叉口的标识进行梳理，尽量将标识放置在视平线以上同一高度处，距离交叉口中心 4m 范围内；如果受客观条件限制难以做到，则应保证标识在距离交叉口中心 8m 范围内；②如果距离交叉口中心 8m 范围内没有有效引导信息，则进行标识的增补；③避免在地面设置引导信息。

在地铁站的虚拟现实模型中应用上述设计干预策略，并进一步通过虚拟现实实验检验其对寻路体验强度的提升效果。由于在现状环境的实验中，以 5 号出口为目的地的两组被试的漫游任务强度明显低于以 15 号出口为目的地的组别，因此本次实验设置两种任务来检验设计策略对体验强度的提升效果：从 1 号线站台出发寻找 5 号出口，从 8 号线站台出发寻找 5 号出口。

图 9-9　人民广场地铁站某路径交叉口标识位置的空间抽象层（a）与体验抽象层（b）的对比

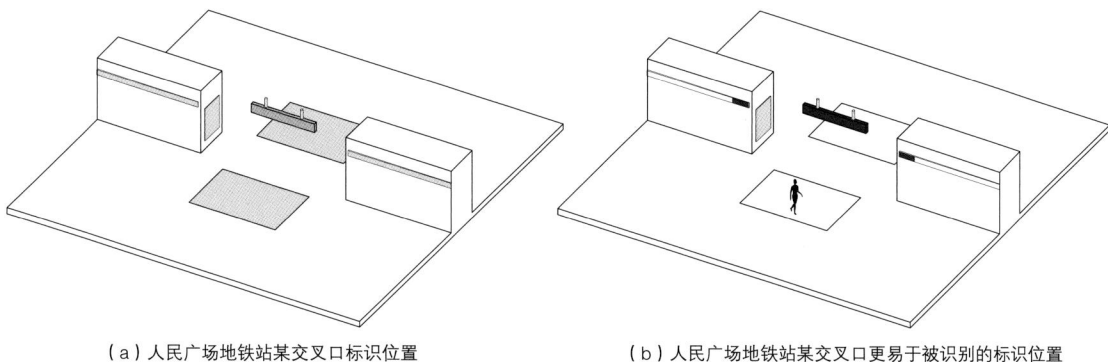

（a）人民广场地铁站某交叉口标识位置　　　　（b）人民广场地铁站某交叉口更易于被识别的标识位置

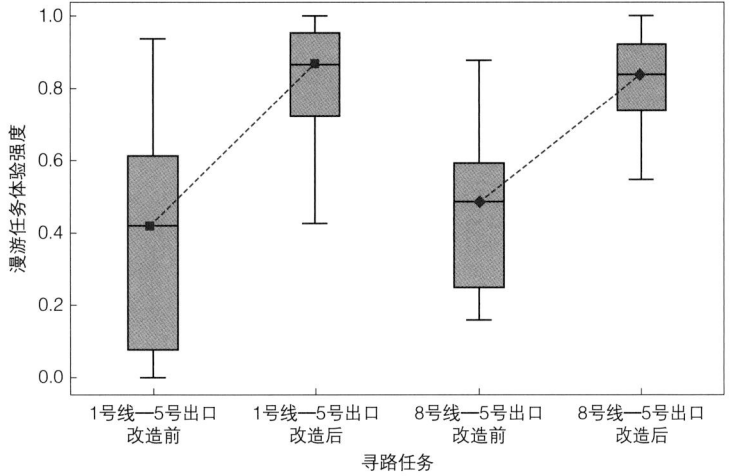

图 9-10 人民广场地铁站改造前后漫游任务强度比较

本次实验共收集到 27 组有效的寻路数据。对被试的漫游任务强度进行评估，如图 9-10 所示，发现改造前后，被试在人民广场地铁站的漫游任务强度显著不同（$p = 0.00 < 0.05$）。其中，从 1 号线站台出发寻找 5 号出口的被试的平均强度从 0.40 提升到 0.81，从 8 号线站台出发寻找 5 号出口的被试的平均强度从 0.48 提升到 0.81。同时，有超过 1/3 的被试的体验强度高于 0.90。

此外，在问卷中统计了被试寻路过程中主观上感到方向迷失的情况。与在上海市人民广场地铁站现状环境中进行的寻路实验相比，被试主观判断感到方向迷失的比例从 39/55 下降到 1/27。

基于以上两点，可以认为，通过将标识放置在距离路径决策点的理想范围内，使标识位置的空间抽象层与人们识别标识时的体验抽象层相对应，上海市人民广场地铁站的寻路体验能够得到显著提升。

9.4　本章小结

本章首先定义了何为"室内寻路问题"，并对其进行空间体验任务的拆解，提出室内寻路问题可以拆解为识别任务辅助下的以去往为目的的漫游任务；随后，从寻路的空间结构认知与量化、寻路的信息处理及生理基础两个方面对既有研究进行了综述；最后，本章结合上海市人民广场地铁站这一案例，系统解析城市人因研究方法在解决具体设计问题时的应用。

课后思考题

1. 在室内寻路问题中，式（9-1）中的变量 E_{ij} 的含义是什么？

并说明 E_{ij} 何时为 1，何时为 0。

2. 解释在"9.3.4　标识位置选择：识别任务强度评估"中，不同高度组别标识的识别任务强度 0.16、0.13、0.01 分别是如何计算得到的。

3. 你认为影响室内寻路效率的因素有哪些？其中哪些能够采用实证方法进行定量研究？

4. 选取一个你熟悉的校园环境中的建筑案例，推测影响其寻路效率的关键空间因素，并尝试设计一个完整的实验方案以验证你的猜想。

第 **10** 章　文旅目的地问题

本章编写：谢祺旭　庞凌波　张　利 *

教学参考要点

① 教学目的：梳理与文旅目的地空间体验相关的城市人因研究方法。

② 主要知识点：文旅目的地问题基于空间体验任务的拆解；文旅目的地空间体验现有研究；城市人因研究方法在具体设计问题中的应用路径。

③ 内容串接逻辑：本章首先定义何为"文旅目的地问题"，并对其进行空间体验任务的拆解；进而综述现有的关于文旅目的地空间体验的研究；最后结合设计研究案例，解析城市人因研究方法在解决具体设计问题时的应用。

④ 建议学生重点掌握内容：熟悉文旅目的地问题的研究思路、常用测度及实验方法；结合学生兴趣，对某 1~2 个文旅目的地的典型案例进行深入研究。

10.1 文旅目的地问题定义

"文旅目的地"在文旅产业中有其固有定义。通常认为，文旅目的地是吸引旅游者专程前来参加观光游览、休闲度假和会议展览等活动的空间区域。也有人将文旅目的地称作旅游目的地，定义为吸引旅游者在此作短暂停留、参观游览的地方。还有人认为网红打卡地属于文旅目的地的一种，是节假日和周末休闲出行的小众目的地，满足人们的归属感和社交需求。

在本书中，文旅目的地研究主要强调其与空间体验相关的两个方面：其一是时间，也就是在文旅目的地停留行为所延续的时间，通常会以符合人们日常生活节律、两餐之间的 2.5 小时作为参考时长；[①] 其二是事件，也就是在文旅目的地形成完整空间体验的一条或多条路径上一些关键节点。时间可以直接测得，而事件是否发生，则需要一些测度来辅助分析判断。例如，移动轨迹、节点的停留时长、头部朝向、眼动注视时长等，可用于分析事件的有无；而皮肤电导、表情分析、社交媒体的场景数据（也即目的地游览后是否会在社交媒体分享照片或游览路径）等，则可用于分析事件对情绪唤醒的有效与否、是否对目的地形成记忆等。

值得注意的是，一些网红打卡地会以"出片"为吸引点，吸引人们拍照并在社交媒体上分享，这并不能直接与文旅目的地画等号。但如果将网红打卡地作为"事件"，有组织地在街区尺度的空间内串联排布，同时满足了事件与时间两个条件，这就构成了文旅目的地。

若基于空间体验任务对文旅目的地问题进行拆解，以便于抽象和量化，则文旅目的地可抽象为识别任务与漫游任务的组合。识别任务与漫游任务强度值的计算与前文式（2-1）相一致。其中，识别任务的 E_{ij} 取值由人们是否对特定可识别对象分配注意力取 1 或 0；漫游任务的 E_{ij} 取值由人们是否在节点上发生停留取 1 或 0，这与漫游任务一章中以休闲为目的的漫游相一致，在此不再赘述。

$$\varepsilon = \frac{1}{T \cdot N} \sum_{i=1}^{M} T_i \sum_{j=1}^{N} E_{ij} \qquad （2-1）[②]$$

在文旅目的地问题中，空间抽象层是在某个城市区域内提供各种吸引点，这些节点可以用空间中的相对位置进行描述；体验抽象层则并非基于完整阅读的空间，而是沿着一条既定的路径随时间展开，有些事件无效，有些事件反而出乎意料的有效，甚至完全不在建筑师的预期之内。本章所关注的是人们探访文旅目的地的完整过程，并探究何种空间会给人带来更好的空间体验。

---

① 这也与"博物馆疲劳"（Museum Fatigue）现象的相关研究结论相一致。详细可见：周婧景. 从"博物馆疲劳"概念出发：参观博物馆的影响因素、检测方法与改善建议[J]. 中国博物馆，2018（2）：64-72.

② 详见本书"第 2.3.3 节 体验任务"。

10.2　现有研究

10.2.1　社交媒体分析

在文旅目的地研究中，社交媒体数据起到了突出而重要的作用。社交媒体数据既包含照片图片数据及其文字描述，也包含拍摄照片的地理位置数据，从而便于在大数据的基础上取得一般性和普适性的现象规律。

2016 年刊登在《美国科学院院刊》（ PNAS ）的一项研究关注了整个欧洲文旅目的地景观价值评估与建模问题。该研究基于 Panoramio、Flickr 和 Instagram 三大社交媒体平台上分别 200 余万、60 余万和 400 余万张用户分享的包含地理信息的照片，给出了欧洲文旅景观评分的分布（图 10-1），并比较了 3 个社交媒体平台的数据对量化景观价值的适用性。[①] 研究团队认为，相比于其他两个平台，Instagram 由于其数据量大、允许用户使用标签对图片进行分类，故更适用于对文旅目的地进行预测性评价。

然而，"照片数据越多、文旅目的地越好"的假设却并不能成立。研究团队在与当地人沟通的过程中发现，文旅目的地的好坏与经济水平、人口密度、与大城市的距离等都有关系。同时，研究团队通过构建线性回归模型来预测文旅目的地的拍照人数量，并将预测值与实际值进行比较，分析这些离群值和它们背后的原因。

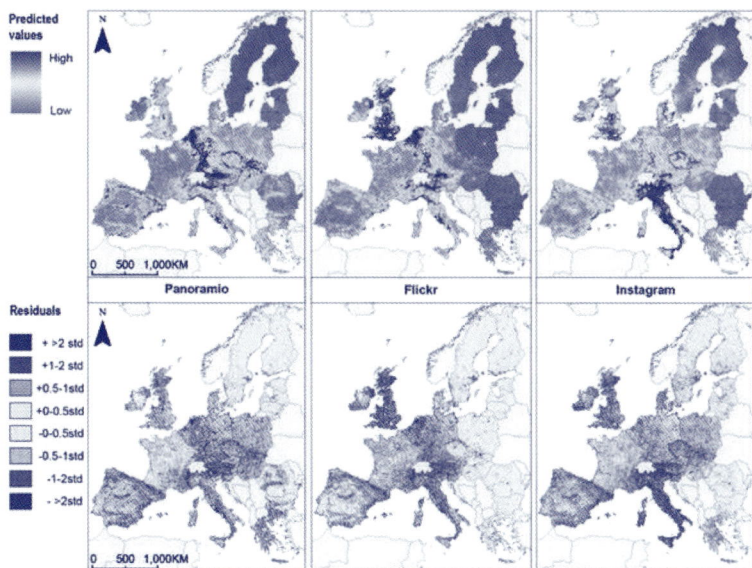

图 10-1　Panoramio、Flickr 和 Instagram 评分分布比较

（图片来源：引自 VAN ZANTEN B T, et al. Continental-scale Quantification of Landscape Values Using Social Media Data[J]. PNAS, 2016, 113（46）: 12974-12979.）

---

① VAN ZANTEN B T, et al. Continental-scale Quantification of Landscape Values Using Social Media Data[J]. PNAS, 2016, 113（46）: 12974-12979.

同样的方法也可用于区域和城市尺度的分析。2020 年的一项研究关注了新加坡国内所有的公园和城市绿地，研究团队认为社交媒体的数据能够反映人们对公园探访的频繁程度，并调查对比了 Instagram 和 Flickr 照片分享平台数据与住户调查结果之间的相关性。研究发现，人们在社交平台上传照片的频率，比起人们去逛公园的频率，更能反映人们对公园的偏好。这一结论证实了社交媒体数据对空间体验偏好问题所具有的揭示度。同一团队的另一项研究进一步收集和分析了 4674 名用户在照片分享平台上 1890 万张照片的位置和内容，通过聚类和主成分分析的方法研究了不同用户群体开展休闲活动的空间偏好。[①]

社交媒体大数据通常能够帮助印证一些常识性的观察与规律，在研究文旅目的地问题时，这类研究更易于开展对比分析或是得到较大空间尺度内的分布情况，但同时也受限于社交媒体数据的颗粒度，故难以得到更具有决定性和揭示性的结论。

10.2.2　可视域分析

具体到一个城市空间、一座公共建筑，文旅目的地问题的研究围绕着人们是如何被吸引和发生活动的这一问题而展开。其中最为著名的空间句法理论提出，在可以游览的空间里，人总愿意让自己处在可视域更大的位置上。他们提出一种量化可视域模型，即假设人们的视线等同于从自己所处位置向四周均匀发射的射线，则通过射线所覆盖的范围可计算视域（图 10-2）。虽然在今天看来这样的假设过于理想和简化，但在当时却提供了一些很有意义的观察。

1999 年一项针对伦敦泰特博物馆的研究运用可视域分析方法，比较了人群停留数与可视域 / 房间面积的相关性。研究发现，比起房间面积的大小，可视域的大小与人群停留数量多少更为相关，从而为可视域理论提供了依据。[②]

另一项发表在《策展人：博物馆学报》（*Curator：The Museum Journal*）的长期研究关注瑞士圣加仑艺术博物馆展览期间观众的游览体验。研究团队为每个志愿参与实验的观众佩戴传感器，用以采集皮肤电导和心率数据，并通过视频记录得到观众的轨迹数据。相较于空间句法中进行的可视域分析，这一研究加入了时间维度，分析的空间尺度也更小、更细致、更具有揭示性。从图 10-3 中可以

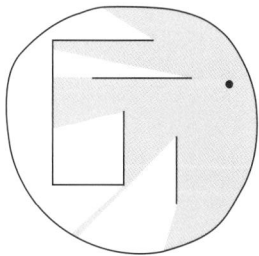

图 10-2　可视域分析图示

① SONG X P, et al. Using Social Media User Attributes to Understand Human-environment Interactions at Urban Parks[J]. Scientific Reports，2020.
② TURNER A, PENN A. Making Isovists Syntactic：Isovist Integration Analysis[C]. Brasilia, Brazil：Proceedings of Second International Symposium on Space Syntax, 1999：103-121.

图 10-3　基于轨迹数据的展品吸引力分析
（图片来源：引自 VOLKER KIRCH-BERG, et al. The Museum Experience：Mapping the Experience of Fine Art[Z]. Curator：The Museum Journal, 2015. ）

看出，在一个展厅区域内 4 个作品之间，虽然 2 号位摆着博物馆最贵的一幅画，但其吸引力与后续的作品 3 和 4 相比显著不足。[1]

值得注意的是，这项研究纠正了空间句法理论假设的先天缺陷——人的视域并非向四周 360° 均匀辐射，而是受人身体朝向限制，是具有方向性的射线，而且受到任务驱动，带有先天的偏倚（ Bias ），人们会更加关注局部而非整体。视觉具有的不均匀性，是研究必须解决的问题。

10.2.3　视觉感知的非均匀性

所有人都能通过东方明珠和上海中心大厦一眼认出上海陆家嘴的天际线，但若换了临街的二层商铺，则没有识别性。这揭示了一个基本规律：人们在识别文旅目的地的时候，有些局部不仅会吸引人们的视觉注意力，而且甚至构成了人们对这个文旅目的地的认识。例如，即使只有东方明珠和上海中心大厦这个局部，人们也会认为自己已经记住浦东从苏州河过去的天际线场景。

这一方法已被用于世界文化遗产的空间特征价值研究。2022 年哈尔滨工业大学团队开展了一项针对布拉克古城的研究。该团队[2]通过收集布拉格古城城市、街道和建筑尺度，在实验室中招募被试观看，根据眼动追踪数据生成视觉分布热力图，得到判断历史街区文化价值的标志性元素集合。

---

[1] VOLKER KIRCHBERG, et al. The Museum Experience：Mapping the Experience of Fine Art[Z]. Curator：The Museum Journal, 2015.

[2] LIU F, et al. What do We Visually Focus on in a World Heritage Site? A Case Study in the Historic Centre of Prague[J]. Humanities & Social Sciences Communications, 2022, 25（3）：358-368.

第二年，该团队在哈尔滨市也开展了相似的研究，[①] 尝试建立历史遗产基于眼动指标和主观评价的预测模型，由 54 名参与者观察 5 个历史遗产场景的数据训练神经网络后，对高、中、低视觉注意力识别的准确率达到了 74.46%。这种方法可以帮助建筑师衡量历史建筑中有价值的空间特征，甚至还能在城市更新过程中识别那些对本地居民有价值、有记忆点的空间要素，支撑城市决策者和建筑师判断哪些可拆除、哪些可改造、哪些标识性元素应该被留下，最终实现对游客有吸引力、令当地人接受的文旅目的地营造和改造。

10.2.4　情绪分析

如前所述，人们在文旅目的地游览时，其中一个重要的维度即是时间维度。这一过程可以与观看视频作类比。在观看视频前，人们对这个视频毫无认知，如果打乱顺序，则会带来理解上的困难，因为很多重要信息不仅呈现在静态的每一帧上，还隐藏在前一帧与后一帧之间相互关联的关系中。文旅目的地如何吸引人、为人们带来完整空间体验的问题自然也非静态图片所能够反映的。如何有效地利用时间序列，营造空间场景，引起人们的情绪变化？

18 世纪，德国哲学家谢林在其《艺术哲学》中描述："建筑是凝固的音乐。"19 世纪德国音乐理论家和作曲家霍普德曼又道："音乐是流动的建筑。"若以时间序列上的情绪变化为对象研究，则确实可用音乐与建筑类比。音乐剥离了空间信息，是最具时间性的艺术品，没有时间序列，音符毫无意义。建筑也类似，单一场景仅是基础，而空间体验则发生在所有场景的串联上。若在听莫扎特的《第二十三号钢琴协奏曲》的同时，给听众佩戴皮肤电导传感器，则可以看到随着乐曲的起承转合，在乐曲的高潮段落听众的情绪被高度唤醒（图 10-4）。文旅目的地研究的目的正是在城市空间中实现类似的效果。

香港中文大学团队的一项研究招募了 30 名被试，使其逐一在香港城市街区一条预定路线中行走，并通过佩戴生理传感器和地理坐标定位系统，记录他们沿途的皮肤电导反应。研究的结论在前景—庇护所理论的基础上，结合香港城市街区的景观，得出视觉目标物、开放空间与积极情绪的强相关关系。最重要的是，这一研究

① LIU F, et al. Visual Attention Predictive Model of Built Colonial Heritage based on Visual Behaviour and Subjective Evaluation[J]. Humanities & Social Sciences Communications, 2023, 10（1）: 1-17.

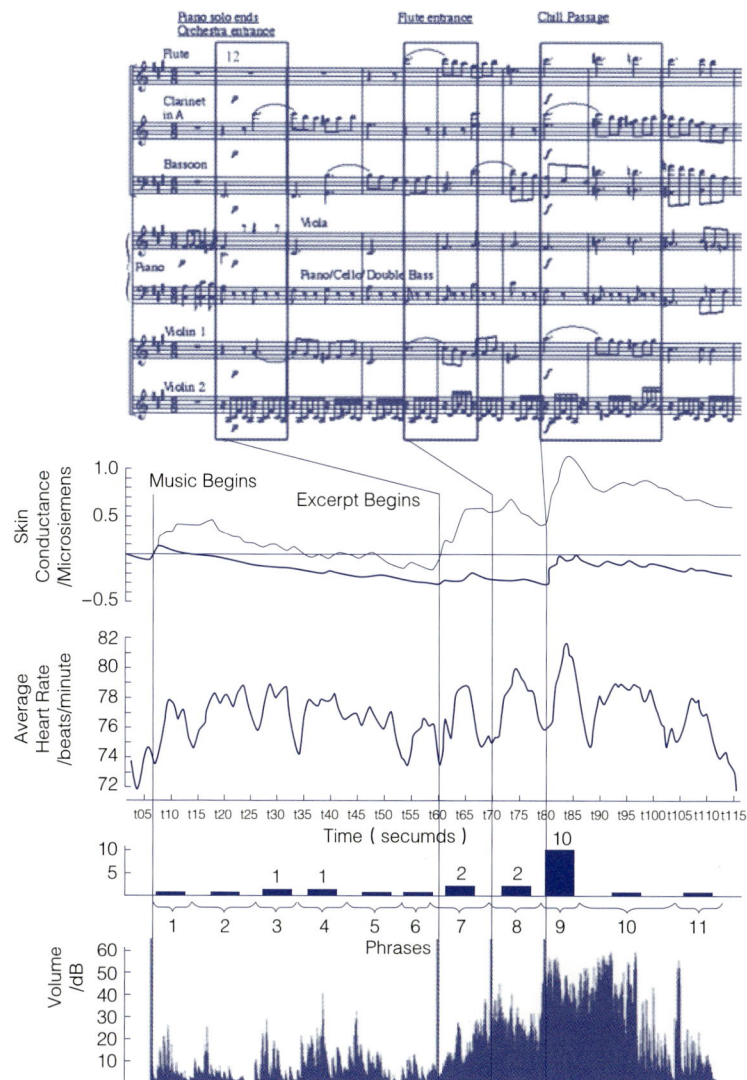

图 10-4 乐曲的高潮段落与听众情绪唤醒度的关联关系
（图片来源：引自 GUHN M, HAMM A, ZENTNER M. Physiological and Musico-Acoustic Correlates of the Chill Response[J]. Music Perception, 2007, 24（5）: 473-484.）

为可视域分析引入了时间变化的概念，从而为更深入地认识时间序列上情绪唤醒的积累和反应奠定了基础。①

10.2.5 情景记忆分析

文旅目的地研究还有一个重要部分，即文旅目的地的空间体验如何为人们留下深刻记忆。情景记忆分析正是希望挖掘空间体验中事件与记忆之间的关联。

① XIANG L, PAPASTEFANOU G, NG E, et al. Isovist Indicators as a Means to Relieve Pedestrian Psycho-physiological Stress in Hong Kong[J]. Enviroment and Planning B: Urban Analytics and City Science, 2021, 48（4）: 964-978.

一般而言，根据信息加工和存储方式的不同，可以将记忆分为程序性记忆（Procedural Memory）和陈述性记忆（Declarative Memory）两类。程序性记忆是指如何做事情的记忆，包括对知觉技能、认知技能和运动技能的记忆。这类记忆往往需要多次尝试才能逐渐获得，而且在利用这类记忆时，往往不需要意识的参与，例如弹钢琴、游泳等。陈述性记忆是指对有关事实和事件的记忆，其中关于事实的记忆又称为语义记忆，关于事件的记忆又称为情景记忆。陈述性记忆可以通过文本或图像一次性获得，例如当说到北京会联想到天安门，当说到纽约会联想到自由女神像，等等。对于文旅目的地来说，创造若干个令人印象深刻的画面和场景也是重要的部分。

虽然空间体验是连续的，但记忆是离散的事件。2022 年刊登在《自然：神经科学》（*Nature Neuroscience*）上的一篇研究发现了认知边界中可以分割空间体验经验、构建情景记忆的神经细胞基础。[1] 这一点不仅在神经学上得到了验证，也在城市空间中开展了行为学印证。研究发现，街景中移动时的转弯能够增强对边界前位置的记忆和处理。[2]

情景记忆的研究也常被用在城市场景中更为连续的空间体验研究。一项在费城的研究采集了两名游客在 4 天内完整旅程的所有皮电数据、行动轨迹，并结合事后访谈的内容帮助解释旅行者的情绪变化与物理和社会环境之间的关系。两位游客的旅行路线由费城西南的公园开始，最终达到市政厅旁边，所对应的皮电数据波动如图 10-5 所示。

图 10-5 完整路线、GPS 定位数据及两位志愿者的皮肤电导数据

（图片来源：引自 KIM J, et al. Measuring Emotions in Real Time: Implications for Tourism Experience Design[J]. Foundations of Tourism Research: A Special Series. 2015, 54（4）: 419-429.）

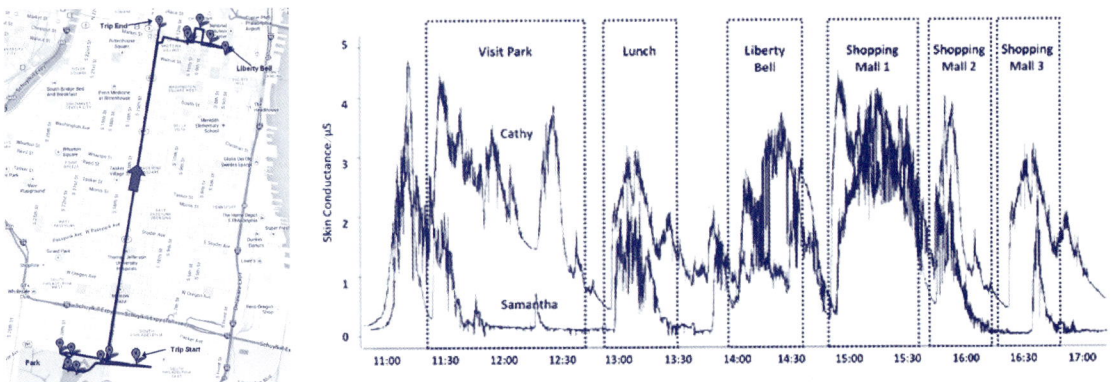

① ZHENG J, et al. Neurons Detect Cognitive Boundaries to Structure Episodic Memories in Humans[J]. Nature Neuroscience, 2022, 25（3）: 358-368.
② BRUNEC I K, et al. Turns During Navigation Act as Boundaries that Enhance Spatial Memory and Expand Time Estimation[J]. Neuropsychologia, 2020, 140（4）: 107437.

其中有两个明显的观察：

其一是个体差异。例如，在游玩公园时，游客 A 比游客 B 的情绪唤醒程度更高；而在看到自由钟的时候，游客 B 又比游客 A 的情绪唤醒程度更高。简单的推断可以得知，游客 A 可能更喜欢自然景观，而游客 B 可能更喜欢文化遗产。

其二是空间体验的段落感。在完整记录的皮电数据波动内，空间体验带来的情绪波动是由一个个波峰和两侧波谷组成的片段。截取逛商场的片段可以明显看到，在第一个商场内时，二人的情绪唤醒程度均很高；而随着对场景的逐渐熟悉，情绪唤醒程度逐渐下降，直至不再引起波澜。[①]

这类研究可为文旅目的地空间体验的设计与旅游管理提供依据和帮助。

10.3　案例分析：首钢滑雪大跳台及群明湖周边

2022 年 2 月，在第 24 届冬季奥林匹克运动会（以下简称冬奥会）中，谷爱凌、苏翊鸣等运动员青春绽放的精彩表现令首钢滑雪大跳台进入了普通公众的视野。在国际奥委会主席巴赫的评价中，首钢滑雪大跳台是奥运遗产可持续利用的典范，履行了北京与河北张家口携手申奥时对国际社会做出的可持续承诺；在运营方和北京市民的评价中，首钢滑雪大跳台自建成后迅速成为京西文旅的一张名片。

现以首钢滑雪大跳台及群明湖周边的规划设计研究为例，完整解析文旅目的地研究何以有效增进设计。

10.3.1　数据采集

首钢滑雪大跳台（以下简称大跳台）及群明湖周边的文旅目的地问题，可拆解为识别任务与漫游任务的组合：识别任务，即如何让大跳台与冷却塔整体成为可识别的对象，同时令大跳台的识别任务强度最高；漫游任务，即如何让首钢滑雪大跳台和群明湖成为可供人漫游、长时间停留并唤起情绪、留下记忆的场所。

针对识别任务，实验设置在虚拟现实环境中进行。通过模拟跳台建成后，公众从园区走向湖岸，第一次看到湖对岸天际线的情景，采集该过程中被试相应的眼动和皮肤电导数据。综合竞赛风向要求

---

① KIM J，et al. Measuring Emotions in Real Time：Implications for Tourism Experience Design[J]. Foundations of Tourism Research：A Special Series. 2015，54（4）：419-429.

图 10-6　不同方位角的大跳台构成的天际线

和前期的预实验，研究选取 4 个角度作为实验场景（图 10-6）：正东向逆时针旋转 10°（–10°）、正东（0°）、正东向顺时针旋转 10°（+10°）及 25°（+25°）。

根据预估的人流主要来向，选择湖岸东侧作为场景中步行接近湖面的位置，未来该处可能成为重要的景观节点（图 10-7）。在虚拟现实环境中，4 个场景的第一视角均沿同样的路径、以相

图 10-7　实验场景所在总图位置与虚拟现实场景

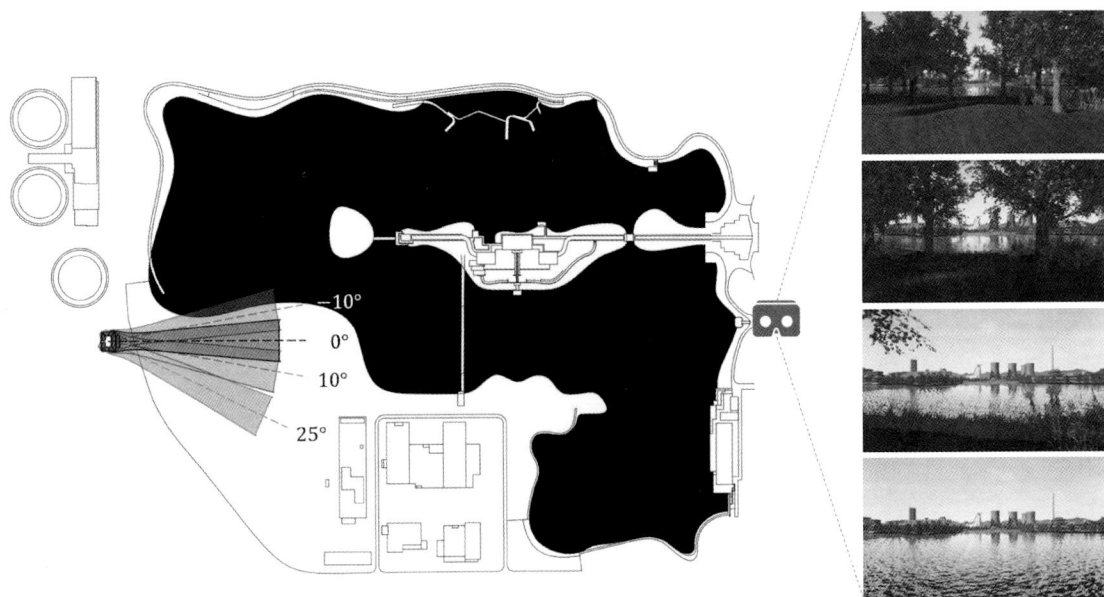

同的速度朝湖岸前行。每个被试经历的虚拟现实场景时长为20s。

为了排除不同场景间的干扰,实验分4组进行,每组被试只观看一个场景。被试在进入方案场景前,首先观看10min其他步行场景的视频,以充分适应虚拟现实环境,并获取不同被试的皮肤电导峰值。同时在该过程中采集被试皮电,确定每名被试最大的皮电反应值,用于对数据进行范围校正,减小不同被试间的个体差异。

针对漫游任务,在设计阶段,借助清华城市人因实验室团队所训练的步行空间人眼注视预测模型进行分析,通过输入方案的渲染视频,预测未来人群在岸线步行时的注视点分布;建成以后,通过采集实地的全景视频,在虚拟现实环境中获取被试在漫游过程的实际视觉注意力分布,并与既有文旅目的地颐和园昆明湖进行注视分布对比,验证建成效果。

10.3.2　数据分析

针对识别任务,一方面,关注被试是否将冷却塔与首钢滑雪大跳台均视作识别对象,因此将场景分为大跳台、冷却塔和周围环境3个部分,在每个时间片内,被试注视冷却塔与大跳台的 E_{ij} 为1,否则为0;另一方面,关注被试在第一次看到大跳台时是否被有效唤醒了情绪,因此将每个时间片内被试的皮肤电导数据转化为相对该被试皮肤电导峰值的百分比,该比值即 E_{ij}。

针对漫游任务,关注被试在环湖步行过程中,是否能够持续地与标识物发生视线互动。因此,分别选取大跳台和佛香阁作为群明湖和颐和园的标识物,在每个时间片内,被试注视标识的 E_{ij} 为1,否则为0。

10.3.3　识别任务:天际线注视时长与情绪唤醒水平

研究目标是令大跳台与冷却塔成为可识别的对象。从注视时长来看,在方位角为10°时,被试注视大跳台和冷却塔的时长最长,同时大跳台、冷却塔及周边厂房这3个部分的注视时长分布较为均衡;而其他方位角中,被试的注视主要停留在周边厂房。据此可知,正东向顺时针旋转10°的方位角可以使大跳台和冷却塔的新天际线组合在人群的视觉感知中具备较高的吸引力,同时与周边环境取得较好的平衡(图10-8)。[①]

---

① 张利,朱育帆,谢祺旭,等.人因分析在北京冬奥会首钢滑雪大跳台"雪飞天"设计中的应用[J].世界建筑,2022(6):38-43.

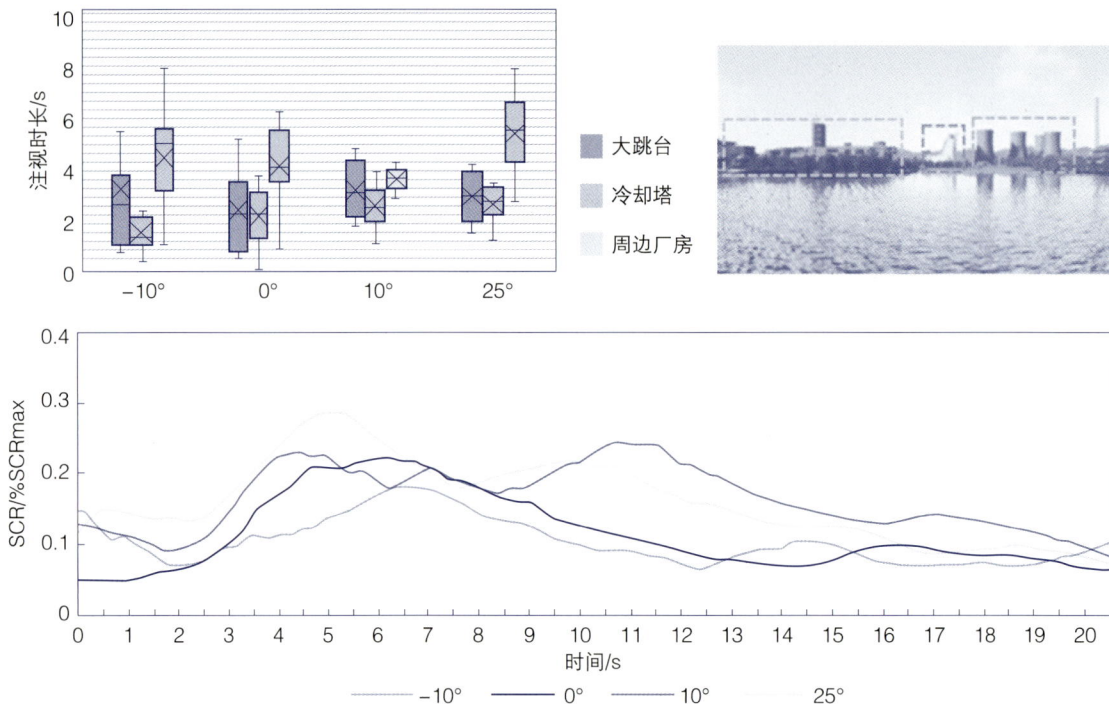

图 10-8 被试注视时间分布、各场景被试的平均皮电反应变化

从皮电反应变化分析可知，方位角为 –10° 的场景中，被试全程的唤醒度明显低于另外 3 个场景。在被试向湖岸前进的过程中，方位角为 0° 的场景中的被试皮电反应逐渐回落；而方位角为 10° 和 25° 的场景中，被试在 8~12s 时出现了明显的第二个皮电反应。据此可以认为，方位角为正东顺时针旋转 10° 和 25° 时，随着步行过程中湖面视野逐渐打开，大跳台与冷却塔构成的新天际线持续吸引多数被试的注意，具有更高的识别任务强度。

10.3.4　漫游任务：环群明湖漫游视觉注意分布预测

漫游任务的研究目标是令大跳台和群明湖成为可供人漫游、长时间停留并唤起情绪、留下记忆的场所。也就是说，游客沿群明湖游览时，能否在这个过程中与大跳台形成友好互动关系；同时，视觉注意力的分布规律与已知成功的文旅目的地是否相似。

通过采集城市空间眼动数据，基于 14 万帧带有人群眼动标注的视频图像，以及 334 万个注视点数据训练，训练所得的深度学习预测模型在测试集上的准确率可达到 92%，故可为设计提供较为接近人群实际眼动行为的视觉注意力分布预测。以环湖漫游的第一人称 360° 渲染视频作为输入，研究对人群漫游全程的视觉注意

图 10-9　方案注视点分布的预测

力分布进行了的预测。经过多轮测试和景观设计迭代，预测结果如图 10-9 所示，在景观设计师沿环湖路径精心布置的公共空间节点上，大跳台是可预期的主要视觉吸引点。测试结果显示，在这一漫游序列中，人眼与大跳台将有较高的互动频率，漫游任务强度更高。

　　更进一步地，设计团队还比较分析了颐和园昆明湖环湖与首钢群明湖环湖漫游过程中游客视觉注意力分布的规律：在昆明湖环湖漫游过程中，被试平均注视万寿山佛香阁的占比最高，为 0.173；在群明湖环湖漫游过程中，被试平均注视大跳台的占比最高，为 0.201（图 10-10）。可以说从时间维度上，大跳台在群明湖提供了如佛香阁之于昆明湖一般的识别性，群明湖的环湖景观设计又强化了观众与大跳台间的视觉互动关系，从而共同构成了文旅目的地的空间体验。

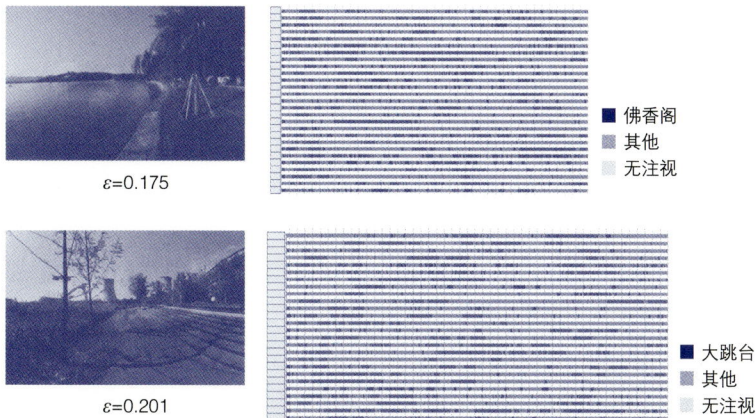

$\varepsilon=0.175$

佛香阁
其他
无注视

$\varepsilon=0.201$

大跳台
其他
无注视

图 10-10　佛香阁与跳台注视占比的比较

10.3.5 设计空间干预

对于识别任务，实验为设计提供了一条重要的参考：对于未来园区的使用群体而言，正东顺时针旋转 10° 的大跳台与冷却塔的天际线组合具有强度最高的识别体验。从大跳台整体轮廓在脚手架拆除前形成开始，至冬奥会比赛期间，至赛后的今天，大跳台与冷却塔的天际线关系没有受到质疑，得到了从首钢人到北京市民的普遍接受。

对于漫游任务，改造前的群明湖是一个废弃的矩形工业冷却池。环湖景观设计创造性地将颐和园昆明湖的拓扑关系运用在群明湖改造中：在鱼藻轩的相对位置上设置停留平台，供人们坐卧、聊天；在对藕舫的相对位置上设置沉水平台，供人们步入湖中，拍照、喂鱼，停留交谈。

在大跳台建成后、周边区域尚未完全对公众开放前，设计团队利用全景视频和虚拟现实技术再次尝试让被试"远程漫游"群明湖，采集了被试对实际建成空间的眼动数据。实验结果验证了预测模型的预估。通过计算路径上视域的偏向度亦可知，群明湖北岸设置的停留空间与大跳台的视线互动频率实现了设计团队的预期。

10.4 本章小结

本章首先定义了何为"文旅目的地问题"，并对其进行空间体验任务的拆解，提出文旅目的地问题由识别任务与漫游任务共同组成；随后，从社交媒体分析、可视域分析、视觉感知分析、情绪分析与情景记忆分析 5 个部分，综述文旅目的地空间体验相关研究，为将实证研究引入设计过程奠定基础；最后，本章结合首钢滑雪大跳台及其附属设施这一案例，系统解析城市人因研究方法在解决具体设计问题时的应用。

课后思考题

1. 文旅目的地问题的两个关键变量是什么？它们为什么关键？
2. 文旅目的地的体验强度计算公式是什么？解释其中的变量 E_{ij} 的含义，并说明 E_{ij} 何时为 1、何时为 0。
3. 解释在"第 10.3.4 漫游任务：环群明湖漫游视觉注意分布预测"中，佛香阁与首钢滑雪大跳台两个案例识别任务的体验强度值"$\varepsilon=0.175$"与"$\varepsilon=0.201$"是如何计算得到的。

4. 现有的（包括但不限于本章提及的）几类文旅目的地研究中，你最认可哪一类研究？分析它所采用的方法所具备的优势，并尝试指出这类研究方法存在的不足。

5. 选取一个你心仪的文旅目的地，可以是一个街区，也可以是一座城市，推测其中的主要标志物，并尝试设计一个完整的实验方案以验证你的猜想。

第 **11** 章 社区活动场问题

本章编写：邓慧姝　陈昱弘　叶　扬　张　利*

教学参考要点

① 教学目的：梳理与社区活动场空间体验相关的城市人因研究方法。

② 主要知识点：社区活动场问题基于空间体验任务的拆解；社区活动场空间体验现有研究；城市人因研究方法在具体设计问题中的应用路径。

③ 内容串接逻辑：本章首先定义何为"活动场问题"，并对其进行空间体验任务的拆解；进而综述现有的关于社区活动场空间体验的研究；最后结合设计研究案例，解析城市人因研究方法在解决具体设计问题时的应用。

④ 建议学生重点掌握内容：熟悉社区活动场问题的研究思路、常用测度及实验方法；结合学生兴趣，对某 1~2 个社区活动场的典型案例进行深入研究。

11.1 问题定义

社区活动场问题主要探讨在社区公共空间中发生的非有组织竞技类活动（Non-Regimented Activities）与其场地空间要素之间的关系。其中，此类活动如广场舞、滑板、聚会、自发的非正式观演等；其所涉及的场地包括社区室外公共空间、公园、城市广场，以及向公众开放的非竞赛状态下的社区体育场等。通过对此问题的量化分析，有助于为活动的发生提供物质空间保障，从而提升社区公共空间的使用率和活力。

在社区活动场中，活动者与其他活动者、活动者与空间界面之间的互动非常密切。一方面，相比于功能专一的竞技标准体育场，社区活动场的管理更开放、元素更多元、功能更灵活。这使得多种活动可以在同一活动场内同时进行，活动参与者临时占领部分领域，被赋予该领域的"所有权"，且在不同活动之间形成弹性的动态边界。另一方面，人（直接或借助器具）与空间中的物理构件进行互动，并通过这些互动改变身体的常规姿态，以此放松或获得乐趣。这些物理构件并不一定是专业活动器械，栏杆、台阶、缓坡等城市空间中常见的构件都可以成为支持这些活动进行的工具。

基于上述特性，社区活动场问题可以拆解为共享任务和体感任务。对该问题的分析可以从两个方面入手：

（1）滑板、休闲跑酷等单人活动强调身体与空间界面的互动，因此基于体感任务强度值计算公式，依据活动者身体与空间界面的接触面积进行体验强度评估，即 E_{ij} 为接触面积与体表面积的比值。

（2）广场舞、聚会等群体活动强调人与人之间的互动，因此基于共享任务强度值计算公式，通过判定共享事件是否发生来进行体验强度评估，即共享事件发生时 E_{ij} 取 1，不发生时为 0。社区活动场问题中体验强度计算与前文式（2-1）相一致，在此不再赘述。

$$\varepsilon = \frac{1}{T \cdot N} \sum_{i=1}^{M} T_i \sum_{j=1}^{N} E_{ij} \qquad （2-1）[1]$$

11.2 现有研究

20 世纪下半叶，随着对人类活动和空间之间关系研究的深化，研究者们越来越关注人在公共空间特别是活动场中的时空分布与行为活动。丹麦建筑师扬·盖尔（Jan Gehl）[2][3] 引入了"行

---

[1] 详见本书"第 2.3.3 节　体验任务"。
[2] GEHL J. Life between Buildings：Using Public Space[M]. Washington：Island Press，2011.
[3] GEHL J. Cities for People[M]. Washington：Island Press，2013.

为地图"研究方法，该方法依靠现场观察来记录公共场所的人的基本活动（如坐卧、站立、行走等），讨论了基本活动的行为特征，并解释了影响这些活动的空间因素，揭示了空间设计对活动的影响。这种方法为研究公共场所的活动奠定了基础。威廉·怀特（Whyte W H）[1] 使用视频技术记录了纽约市各个公共广场的人群活动，通过观察抽样研究了人们对座位位置、坐姿方法和目的的偏好，分析人们的选择、停留时间和空间特征之间的关系。这些研究奠定了社区活动场问题的研究基础，提供了基本的研究方法。

11.2.1　活动的时空分布规律

随着技术的发展，除传统拍照记录外，研究者逐渐引入了电子问卷、GIS（地理信息系统）、可穿戴设备追踪和延时摄影等现代技术手段。这些技术不仅提高了数据获取的效率和精度，还扩展了研究覆盖的范围，使得研究者可以大规模地获取精确的时空数据。比如，芭芭拉·戈利奇尼克·马鲁希奇（Marusic B G）[2] 通过 GIS 技术对爱丁堡和卢布尔雅那公共空间中活动的人进行行为模式分析，揭示了人群聚集的时空特征。参与式地理信息系统（PPGIS）通过互动平台，测量市民自发活动的类型、时间和激烈程度，为公共空间活动的研究提供了有效的工具。[3]

在运动轨迹追踪方面，地板压敏传感器为研究提供了一种精确追踪运动轨迹的手段，特别是在有限空间内的运动数据采集中表现突出。它能够实时记录使用者在特定区域的活动，并生成动态的运动轨迹地图，从而有助于更详细地分析不同区域内人群的活动强度和分布模式。这种技术在研究公共空间的使用模式中极具价值，尤其是在测量密集区域的人群活动时。此外，研究者还可以结合动作捕捉技术，通过实时追踪参与者的运动轨迹，探索不同群体在多样情境下的运动模式。

在场观察定位与运动轨迹追踪技术不仅为研究公共空间中人的活动提供了定量和定性的双重视角，而且在提高数据收集的精度和

① WHYTE W H. The Social Life of Small Urban Spaces[M]. Washington：Conservation Foundation，1980.
② MARUSIC B G. Analysis of Patterns of Spatial Occupancy in Urban Open Space Using Behaviour Maps and GIS[J]. Urban Design International，2011，16（1）：36-50.
③ BROWN G，KYTTÄ M. Key Issues and Research Priorities for Public Participation GIS（PPGIS）：A Synthesis based on Empirical Research[J]. Applied Geography，2014，46：122-136.

广度方面起到了关键作用。通过这些方法，研究者能够更有效地捕捉人群在不同空间和时间维度下的活动模式。

11.2.2 活动的体感与肢体动作规律

研究者们通过对动作、行为的研究探索人的活动规律。摩尔（Moore R C）[①] 通过对活动场的用户活动进行分类，并更细致地总结每种活动的时空模式（PATS-Patterns of Activity in Time and Space），探究了活动的动作、运动模式与空间元素的互动关系。乔尔达（Joardar S D）[②] 为活动场建立了一个初步的感官地理清单，该清单将各个空间元素进行分类，并与人的感官体验质量一一对应起来，以此评价并预估公共广场的受欢迎程度和空间品质。

人体测量技术的发展为这一方面的研究提供了有力支持。帕内罗（Panero J）等[③] 将人体各部分尺寸与各种生活工作活动联系在一起，为这些活动建立起合适的空间尺寸。摩尔（Moore C-L）等[④] 基于拉班编舞法的时间—空间动作分析方法，将人体简化为"火柴人"式模型，并通过符号对动作进行编码。近年来，包括延时摄影、动态捕捉、计算机编码模拟在内的多项新兴技术，提供了更精确地测量人体动态的方法。[⑤] 此外，机器学习等人工智能技术的参与，能够更好地分析动作范围和肢体动作数据，提高了动作识别的多样性和准确率。[⑥]

这些研究工作在社区活动场设计中起到了重要作用。它们帮助设计者更好地理解人与空间的互动，优化空间布局和设施配置，创造更符合人体工程学和心理需求的活动空间。通过分析活动参与者的肢体动作规律和接触面积，设计者可以创造出更加人性化、多

① MOORE R C. An Experiment in Playground Design[D]. Cambridge：Massachusetts Institute of Technology，1967.
② JOARDAR S D. Emotional and Behavioral Responses of People to Urban Plazas：A Case Study of Downtown Vancouver[D]. Vancouver，Canada：University of British Columbia，1977.
③ PANERO J，ZELNIK M. Human Dimension & Interior Space：A Source Book of Design Reference Standards[M]. New York：Whitney Library of Design，1979.
④ MOORE C L，YAMAMOTO K. Beyond Words：Movement Observation and Analysis[M]. London：Routledge，2012.
⑤ SCHWARTZ M. From Human Inspired Design to Human Based Design[M]//LEE J H. Morphological Analysis of Cultural DNA：Tools for Decoding Culture-embedded Forms. Singapore：Springer，2017：3-13.
⑥ JOO H，SIMON T，LI X，et al. Panoptic Studio：A Massively Multiview System for Social Interaction Capture[C]. [S. l.]：Proceedings of the IEEE International Conference on Computer Vision，2015：3334-3342.

功能且富有活力的公共空间，以促进社区成员的身心健康和社交互动。

11.3　案例分析：四个社区活动场的滑板与聚会活动

将城市中遗余的、闲置的空间改造为适合社区休闲活动的场所，使这些被忽略的空场空间注入人气和活力，这一策略成为近年来城市设计的热点话题。意大利都灵市的多拉公园（Parco Dora）是一个典型案例，它由废弃厂房改造而来，在厂房屋顶下形成了大面积的灰空间活动场地，包括滑板、街舞、聚会等活动都可在此聚集进行。多拉公园是整个旧工业区域城市更新计划中的核心，转变了市民对此区域的封闭萧条的印象，成为颇具活力氛围的休闲场地。

11.3.1　数据采集

本研究的数据采集涉及以多拉公园为代表的 4 个社区活动场。针对活动场中的滑板活动和聚会活动，研究采用定点视频拍摄的方式采集市民实际进行活动时的运动轨迹和肢体动作。被筛选的案例需要具有大量自发进行运动的市民，并具有丰富的空间界面形态。研究者对每个案例都进行周期性现场访问，并进行定点视频拍摄，在场地周边高处区域分别架设两台广角摄像机进行拍摄，拍摄范围覆盖活动者经常占据的空间区域。

对于滑板活动，研究选取了 3 个不同专业度的场地进行比较，追踪采集场地中滑板者的运动数据（图 11-1）。其中，大望京中央公园滑板池（地点 1）是专门为滑板活动设置的场地，参考了专业滑板赛道，以连续的半管坡道为主，布局紧凑；多拉公园西侧场地（地点 2）分散布置了一系列坡道和障碍物，其间具有空隙可以使人驻足停留；瓦尔多福西广场（Piazzale Valdo Fusi）南侧场地（地

图 11-1　滑板活动案例

地点1　　地点2　　地点3

地点1

地点2

图 11-2　聚会活动案例

点 3）中具有多种常见的公共空间构件，如台阶、条状座椅、路沿等，滑板者可与这些构件进行创意性互动。

对于聚会活动，研究选取了 2 个不同坡度的场地进行比较（图 11-2）。其中，巴尔博花园（Giardino Aiuola Balbo）草坪是缓坡地（地点 1），中央有水池和喷泉，四周围绕树林；瓦尔多福西广场北侧草坪为陡坡地（地点 2），朝向下凹的硬质铺地广场。在这两个案例中，都观察到了较多自发的聚会活动。

11.3.2　数据分析

肢体动作提取是对人进行运动时的基本动作进行分解。本研究通过 LRTimelapse 软件将视频转化为延时摄影图片，从一串连贯的动作中提取多个"关键帧"，以此来判定人与特定空间界面的接触状况和人与人之间共享事件的发生情况。

滑板活动基于体感任务进行分析，E_{ij} 为接触面积与体表面积的比值。本研究在 3 个地点中共采集 4320 个关键帧（T_i=0.5s），其中提取肢体动作数据点 31 680 个。根据与界面的接触状况，滑板活动涉及 4 种关键动作：①双脚与界面接触，即站立在滑板上或地面上；②单脚与界面接触，另一只脚腾空；③全身腾空，通常发生在进行跳跃时；④坐在地上，通常发生在滑板者技术动作失误并顺势坐下休整时。根据成年人人体尺寸均值和体表面积通用公式，[1][2] 通过体感任务强度值计算公式进行计算，可得出 4 种动作的接触面积值和 E_{ij} 值（表 11-1）。

---

① 参考国家标准《中国成年人人体尺寸》GB/T 10000—2023。
② 中国人体表面积通用公式：体表面积 S（m^2）=0.010 061× 身高 +0.010 124× 体重 −0.010 099。其中，身高单位为 cm，体重单位为 kg。引自：胡咏梅，武晓洛，胡志红，等 . 关于中国人体表面积公式的研究 [J]. 生理学报，1999（1）：45-48。

4 种动作的接触面积与 E_{ij} 值　　　表 11-1

数据	双脚接触	单脚接触	全身腾空	坐地
接触面积/m²	0.004 9	0.002 45	0	0.330 8
E_{ij} 值	0	0.5	1	0.137

注：成年男性身高体重均值：68kg，168.7cm；体表面积推算：2.376m²。

聚会活动基于共享任务进行分析，以每个人与他人之间是否在进行交谈为共享任务是否发生的依据，若有交互则 E_{ij} 取 1，无交互则取 0。本研究在两个案例中共采集了 1680 个关键帧（T_i=1s），其中提取 14 326 个数据点。

11.3.3　滑板活动：体感任务强度评估

表 11-2 显示了滑板活动 3 个地点中各动作的人均 $\sum_{j=1}^{N} E_{ij}$ 值，代入式（8-1）计算体感任务强度值 ε。经计算得出：地点 1 的体感任务强度值 ε=0.023 9，地点 2 的体感强度 ε=0.044 9，地点 3 的体感任务强度值 ε=0.040 1。可以看出，地点 2 与地点 3 的体感任务强度值明显高于地点 1，在各种动作中，地点 2 与地点 3 的单脚触地和全身腾空的强度接近，其中全身腾空的强度约为地点 1 的 3 倍。此外，在地点 3 中，坐地强度更低，说明滑板者更少出现技术失误。

3 个地点中各动作的人均 $\sum_{j=1}^{N} E_{ij}$ 值　　　表 11-2

数据	地点1	地点2	地点3
单脚接触	14.89	25.19	22.17
全身腾空	2.21	6.89	6.67
坐地	0.13	0.25	0.023
总计	17.23	32.33	28.85

11.3.4　聚会活动：共享任务强度评估

聚会活动中，地点 1 的 $\sum_{j=1}^{N} E_{ij}$=12，地点 2 的 $\sum_{j=1}^{N} E_{ij}$=5。按照每人 1.5m² 的标准来算，地点 1 可以容纳大约 1876 人，地点 2 可以容纳大约 1865 人。代入式（7-2）计算共享任务强度值 ε，计算得出地点 1 的共享任务强度值 ε=0.005 2，地点 2 的共享任务强度 ε=0.003 6（表 11-3）。

两个案例的共享任务强度值		表 11-3
数据	地点1	地点2
$\sum\limits_{i=1}^{M} T_i \sum\limits_{j=1}^{N} E_{ij}$	9735	4591
草坪面积/m^2	2814	2798
最多容纳人数/人	1876	1865
采样总时长T/s	989	680
共享任务强度值 ε	0.005 2	0.003 6

11.3.5 规律总结和空间干预策略

对于滑板活动的三个地点，在场地中分散布置障碍物的地点相比于紧凑的专业场地地点，前者能够形成更强的体感体验。此外，将城市常见的物理构件用作障碍物的地点不仅具有相对较强的体感体验，同时滑板者出现技术失误的频率也较低。因此，将专业性坡道和城市常见的物理构件混合使用，并分散布置在场地中，可能成为利于体感任务发生的一种策略。

对于聚会活动，巴尔博花园的共享任务强度高于瓦尔多福西广场北侧草坪。两个地点的草坪面积大致相当，但巴尔博花园的草坪坡度更为舒缓，四周有树木遮阳，中间有较好的水景与声景，这可能是它更利于共享行为发生的条件。

11.4 本章小结

本章首先定义了何为"社区活动场问题"，并对其进行空间体验任务的拆解，提出社区活动场问题由体感任务和共享任务共同组成；随后，从时空分布规律和肢体动作规律两个方面对既有研究进行了综述；最后，通过滑板活动和聚会活动这两个示例，说明城市人因研究方法在总结行为规律并形成空间干预策略时的应用。

课后思考题

1. 社区活动场问题中存在哪两种关键互动关系？它们为什么关键？

2. 在社区活动场问题中，式（2-1）中的变量 E_{ij} 的含义是什么？并说明如何根据不同的活动类型选择 E_{ij} 的计算方式。

3. 解释"第 11.3.3 滑板活动：体感任务强度评估"与"第 11.3.4 聚会活动：共享任务强度评估"中各地点的体验强度值是如何计算得到的。两个小节的体验强度值计算方式有什么异同？

4. 现有的（包括但不限于本章提及的）几类社区活动研究中，你最认可哪类研究？判断此类研究所采用的方法更适合哪种社区活动，并尝试指出这类方法在分析该活动时的优势和不足。

5. 选取一类你最熟悉的社区活动，推测影响该活动体验强度的关键空间因素，并尝试设计一个完整的实验方案以验证你的猜想。

第 **12** 章 练习与示例

12.1　练习概述

选取校园或居住空间内任一空间作为研究对象，定义一个与空间体验紧密相关的科学问题，针对该问题设计实验，明确实验涉及的自变量与因变量，结合实验数据的收集与分析，得出实验结果和研究结论，并据此适当提出提升该空间体验的设计建议。

12.2　练习目的

本练习旨在让学生在了解城市人因工程学的相关知识及数据收集、处理、分析、可视化方法的基础上，进一步尝试将人因测度数据应用于空间体验质量评估与设计干预，具体包括以下几个方面：

（1）通过在场观察与现状调研，了解并熟悉建成空间环境中人的空间体验的共性问题；

（2）定义问题与设计实验，掌握基于人因测度的实验方法；

（3）通过数据处理与分析，熟悉人因数据的处理方法与可视化方法；

（4）结合数据分析提出设计建议，掌握人因分析支持建成空间设计改进的基本逻辑与方法；

（5）学习建成空间体验质量的调研方法；

（6）学习绘制人因量谱的方法；

（7）学习基于人因测度的实验设计方法；

（8）学习数据处理、分析与可视化方法；

（9）尝试挖掘人因分析实验数据对设计干预的启发潜力。

12.3　练习要点

（1）以3~4人的小组形式，对研究对象进行在场观察和调研；

（2）在对研究对象的空间体验现状有所了解的情况下，定义问题并设计实验；

（3）邀请满足实验条件的被试，采集相应的实验数据；

（4）对采集数据进行处理、分析，并对数据处理结果予以说明；

（5）结合数据分析结果，提出该地段的设计建议，通过手绘或渲染图方式予以展示，并配合简短文字说明。

练习中设计研究流程如图12-1所示。

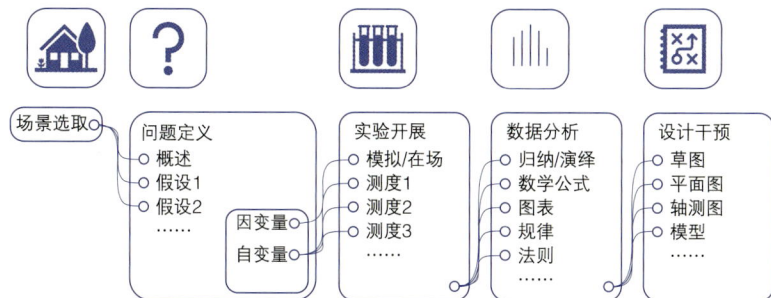

图 12-1　设计研究流程图示

12.4　时间安排建议

练习时间安排建议见表 12-1。

练习时间安排建议　　　　　　　　　　表 12-1

周次	作业推进阶段
1	讨论、确定研究场景、研究对象和实验计划
2	制订详细实验方案，包含实验设备、测量方法、所关注的数据
3	招募被试，开展实验
4	进行实验测试，采集数据
5	数据处理
6	数据分析、可视化
7	绘制设计建议并撰写文字说明
8	汇报作业成果

12.5　成果要求建议

（1）选题图文说明，包含研究地段、调研结果、设计问题定义；

（2）1 份实验计划图示，包含至少 2 种人因测度的实验设备、实验场景、具体实验方法说明，可包括实测场景视频；

（3）1 份数据可视化结果，以及数据处理方法的文字说明；

（4）1 套设计建议，表现方法不限，手绘、渲染均可；

（5）附录，包含组内分工及数据处理代码等必要信息。

12.6　优秀成果示例

12.6.1　探究自习室隔板密度对过路者心理紧张程度的影响（2022 年）

研究选取图书馆开放自习室场景作为调研对象，提炼出自习室隔板密度（视野范围人员密度）对过路者心理紧张程度影响的问题，围绕自习室隔板设置作为自变量设置对照组和实验组，以皮肤电导水平作为因变量，辅以问卷对被试进行主观感受调查，并对无关变量进行控制。实验选择在沉浸式环境中开展，构建了 6 组实验场景，将被试分为 6 组，每个被试只观看一个场景。经过比较组间、组内的皮电数据，以及主客观测试结果的一致性，实验初步得到结论：交叉隔板布置能够降低被试的心理紧张程度；皮电数据比问卷数据更容易反映被试的真实紧张程度。根据实验结论，研究提出设计干预建议，认为在开敞自习室中，以交错的模式增加隔板能够起到改善过路者心理紧张的作用（图 12-2）。

教师点评：该组学生选题从日常生活的体验出发，选取图书馆的开放自习室空间的座位隔板为研究对象，从问题定义—提出假

扫码查看优秀成果示例详情

图 12-2 探究自习室隔板密度对过路者心理紧张程度的影响
注：作者为肖茗瀚、邓超、钱昱嘉。

设—变量提取—实验设计—数据分析—研究结论和设计建议，进行了流程完整、逻辑闭环的自主课题研究，形成了一套优秀的课程练习成果，达到了这一作业训练设置的目标。学生能够将自习室过路者心理紧张的空间影响因素，抽象提炼为隔板的形式和密度这一要素，并恰当地选取了皮肤电导水平作为主要测度，同时严谨地运用统计检验工具进行数据分析，体现了该组学生的分析能力、思辨能力及对新技术工具的转化能力。美中不足的是，该课题在实验设计方面考虑略有欠缺，使得正式实验场景前的缓冲时间不足，部分地影响了皮肤电导数据的结果。当然，瑕不掩瑜，从系统性、完整性、科学性方面，该作业值得称为一套优秀的学生习作范例。

12.6.2 探究校园交流空间围合及围合方向对群体讨论意愿的影响（2023 年）

研究选取校园交流空间的讨论场景作为研究对象，希望探究围合度及围合方向对于空间使用者讨论交流意愿的影响。通过改变实验空间玻璃围挡的遮蔽状态（完全开敞、可见不开敞、完全不可见）及围合朝向（面向围合、背靠围合）作为自变量，将发言时长与次数及皮肤电导水平提炼为讨论意愿的因变量，进行行为及生理指标的定量分析及主观描述性评估。实验选取清华大学校内某一典型讨论间为地点，在固定时段开展，将 6 名被试分为两组完成不同围合情况的 6 次开放性讨论任务。实验得到初步结论：发言时长和次数均随着围合度变高呈波动上升趋势；开敞空间对于讨论积极度有显著减弱作用，围合度加大时，对于讨论积极度的影响变小。由此得出设计干预建议：对于开敞的校园交流空间，应划定明确的交流区域，或设置可变围挡，以起到促进讨论、活跃氛围的作用（图 12-3）。

教师点评：该组学生作业是一个出色的共享任务研究范例。选题从身边的日常空间出发，以校园里常见的公共研讨室为研究场景，以讨论室的围合要素为研究对象，探讨其对群体讨论积极性的影响，选题大胆有新意。同时，该组学生通过问题的精确定义，巧妙地从复杂的空间要素中抽取出自变量、因变量加以研究。此外，该组学生还独树一帜地选择在实际场景中开展实验，以座次的轮换、围挡的增减等，创造了几个对照组实验，并利用视频、音频等技术手段采集和分析讨论意愿和活跃度，在实验设计方面充分发挥了其想象力和创造力。该组作业的局限性在于，招募同一组同学每隔一段时间参与一次实验的方式，可能无法避免人员互相之间熟悉程度等因素对实验结果的影响。不过毋庸置疑，该作业是一个以实地场景进行实验的优秀成果。

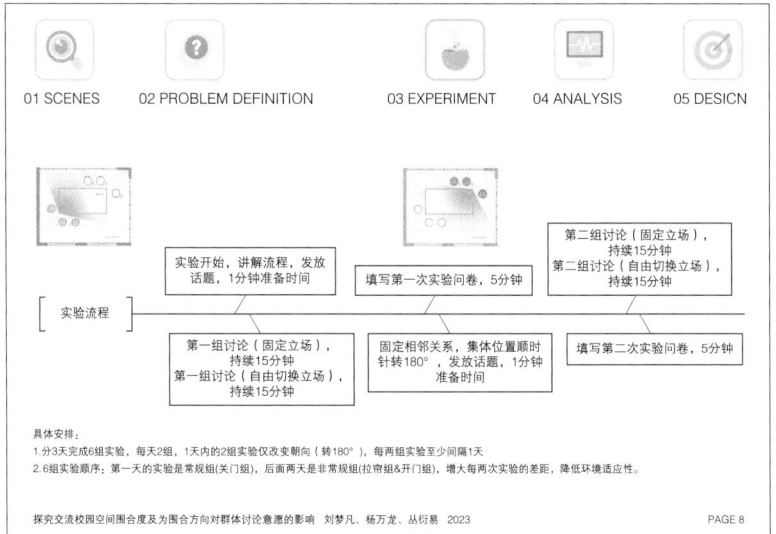

图 12-3 探究校园交流空间围
合度及围合方向对群体讨论意愿
的影响
注：作者为刘梦凡、杨万龙、丛珩易。

12.6.3 基于视线选址的人因实验研究的"冰玉环"改造设计研究（2024 年）

研究选题基于设计题目"'冰玉环'改造设计"，在初设阶段确定了可移动网架、半球结构这两类待确定设计元素，旨在通过人因实验确定这两类设计元素放置的最优位置。实验基于 Unity 引擎搭建沉浸式、可交互环境，每名被试在冰玉环上自由漫游，可按个人喜好点击可移动轨道的扶手板，在点击的位置生成一个布满绿植的网架，鼠标右键可以撤销不想要的网架，还可以拍照打卡，实验程序后台记录被试的行为数据。实验发现，被试偏好在相邻不远的垂直交通核之间用网架做连接，在交通核两侧面向大跳台的位置作为遮挡，在中间段落放置网架形成景观廊道和休息节点。根据实验结果，选取重合率前 40% 的位置作为滑动网架的初始摆放位置，形成多样的街道断面，打破原本冰玉环的单一匀质性。实验发现，被试打卡停留点集中在雪如意南侧附近、南侧较远位置，说明这些位置有较强的吸引力，因此选取停留较多的点位放置半球结构（图 12-4）。

教师点评：该组学生的研究选题以一个特定的设计作业为基础，选取其中的关键设计要素"可移动网架"和"半球结构"作为研究对象，进行了完整的实验设计、数据分析和设计决策研究过程，是建筑学专业核心课程设计课与城市人因方法结合的一个优秀作业范例。学生能够有效借助游戏引擎针对性地设计实验交互方式，巧妙地在沉浸式环境中达成实验目的，体现了该组学生基于设计思维的创造力和对新技术工具的掌握水平。此外，在数据分析的视觉表现方面，该组学生也提供了新思路，将之融入了设计分析图过程，值得其他同学参考借鉴。

扫码查看优秀成果示例详情

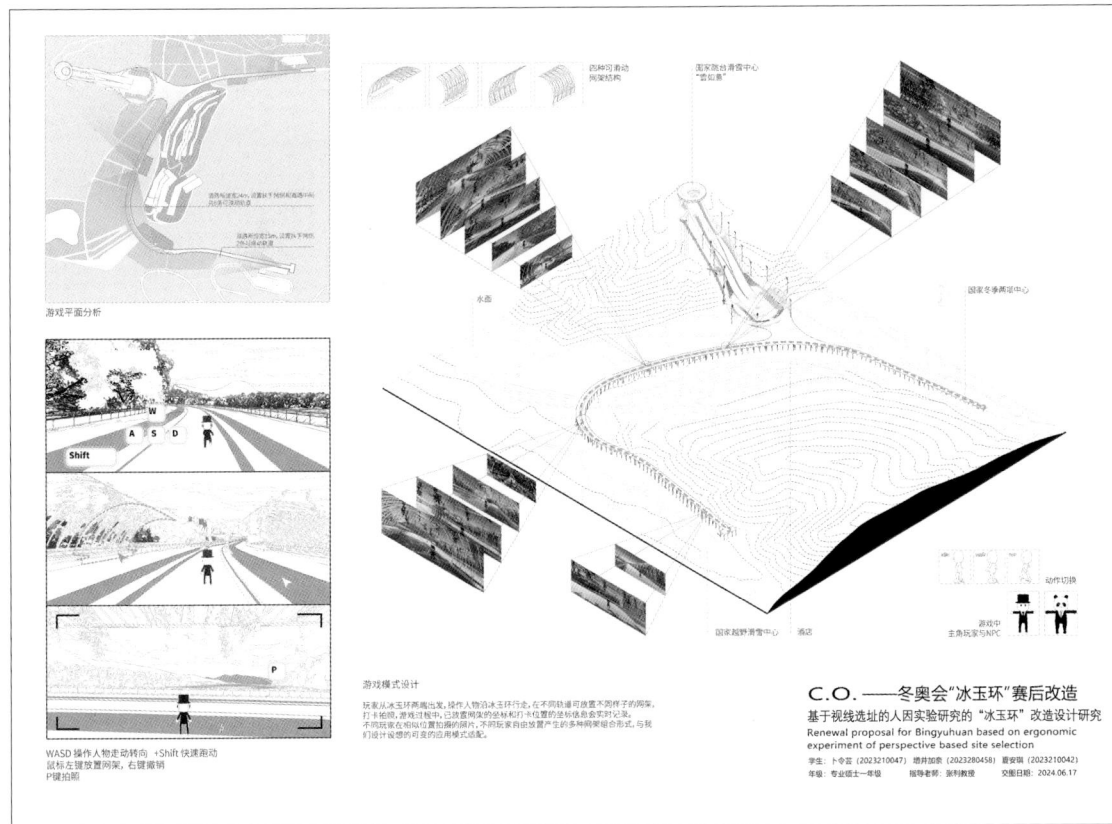

图 12-4 基于视线选址的人因实验研究的"冰玉环"改造设计研究
注：作者为卜令芸、增井加奈、夏安琪。

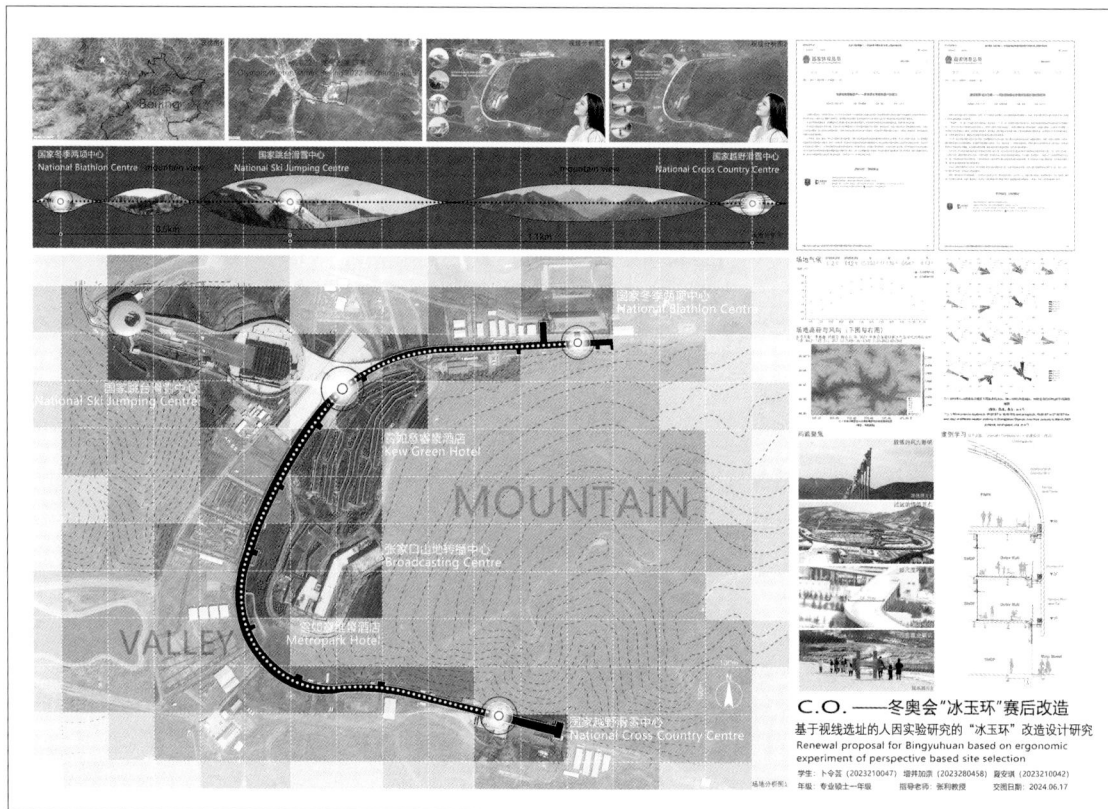

图 12-4　基于视线选址的人因实验研究的"冰玉环"改造设计研究（续）

注：作者为卜令芸、增井加奈、夏安琪。

参考文献

[1] FULLER B. Design Science as a Systematic Form of Designing[R]. London：World Design Science Decade, UIA, 1961.

[2] SIMON H. The Sciences of The Artificial[M].Cambridge：The MIT Press, 1969.

[3] CROSS N, NAUGHTON J, WALKER D. Design Method and Scientific Method[J]. Design Studies, 1981, 2（10）：195–201.

[4] GERO J S, KANNENGIESSER U. The Situated Function–Behaviour–Structure Framework[J]. Design Studies, 2004, 25（6）：373–391.

[5] HAVNER A, CHATTERJEE S. Design Research in Information Systems[M]. New York：Springer, 2010.

[6] VASHNAVI V, KUECHLER B. Design Science Research in Information Systems[EB].Design Science Research in Information Systems, 2004–2021.

[7] HIGUERA–TRUJILLO J L, et al. Psychological and Physiological Human Responses to Simulated and Real Environments：A Comparison between Photographs, 360° Panoramas, and Virtual Reality [J]. Applied Ergonomics, 2017, 65：398–409.

[8] 葛燕，陈亚楠，刘艳芳，等 . 电生理测量在用户体验中的应用 [J]. 心理科学进展, 2014, 22（6）：959–967.

[9] DIRICAN A C, GOKTURK M. Psychophysiological Measures of Human Cognitive States Applied in Human Computer Interaction[J].Procedia Computer Science, 2011, 3：1361–1367.

[10] GOYAL S J, UPADHYAY A K, JADON R S.A Brief Review of Deep Learning Based Approaches for Facial Expression and Gesture Recognition based on Visual Information[J]. Materials Today：Proceedings, 2020, 29：462–469.

[11] LI Z, MÜLLER T, EVANS A, et al. Neuralangelo：High–Fidelity Neural Surface Reconstruction[EB]. arXiv, 2024–05–23.

[12] GUZOV V, MIR A, SATTLER T, et al. Human POSEitioning System（HPS）：3D Human Pose Estimation and Self–localization in Large Scenes from Body–Mounted Sensors[C]//2021 IEEE/CVF Conference on Computer Vision and Pattern Recognition（CVPR）. Nashville, Tennessee, USA：IEEE, 2021：4316–4327.

[13] HUANG W, LIN Y, WU M. Spatial–Temporal Behavior Analysis Using Big Data Acquired by Wi–Fi Indoor Positioning System[C]//CAADRIA 2017：Protocols, Flows, and Glitches. Suzhou, China, 2017：745–754.

[14] XIE Q. Mechanisms and Predictive Modeling of Visual Perception in Urban Pedestrian Space[D]. Beijing: Tsinghua University, 2022.

[15] HILLIER B, MAJOR M D, DESYLLAS J, et al. Tate Gallery, Millbank: A Study of the Existing Layout and New Masterplan Proposal[R]. London: University College London, 1996.

[16] ALEXANDER C. Notes on the Synthesis of Form[M]. Cambridge: Harvard University Press, 1964.

[17] COPPO D. From the Historic City to the Historicized City: Reflections on Several Studies on Urban Form Conducted in the Last Century[J]. Diségno, 2019 (5): 105-116.

[18] TURNER A, PENN A. Making Isovists Syntactic: Isovist Integration Analysis[C]. Brasilia, Brazil: Proceedings of 2nd International Symposium on Space Syntax. 1999: 103-121.

[19] MARSHALL S. Route Structure Analysis[J]. Journal of Cerebral Blood Flow & Metabolism, 2003, 31 (4): 1171.

[20] VON LABAN R. Schrifttanz[M]. Vienna, Austria: Universal-Edition, 1928.

[21] PHILLIPS T. A Sequence-experience Notation for Architectural and Urban Spaces[J]. Town Planning Review, 1961: 33-52.

[22] CURETON P. Rhythm, Agency, Scoring and the City[M]//WALL E, WATERMAN T. Landscape and Agency: Critical Essays. London: Routledge, 2017: 104-116.

[23] TSCHUMI B. The Manhanttan Transcripts[M]. Hoboken, New Jersey: Wiley, 1994.

[24] ISHIZU T, ZEKI S. Toward A Brain-Based Theory of Beauty [J]. PLOS ONE, 2011, 6 (7): e21852.

[25] VARTANIAN O, NAVARRETE G, CHATTERJEE A, et al. Impact of Contour on Aesthetic Judgments and Approach-avoidance Decisions in Architecture [C]. [S. l.]: Proceedings of the National Academy of Sciences, 2013.

[26] ZATORRE R. From Perception to Pleasure: The Neuroscience of Music and Why We Love It [M]. Oxford: Oxford University Press, 2024.

[27] PERNICE K, WHITENTON K, NIELSEN J. How People Read on the Web: The Eyetracking Evidence [M]. Donver, USA: Nielsen Norman Group, 2014.

[28] XIE Q, ZHANG L. Entropy-based Guidance and Predictive Modelling of Pedestrians' Visual Attention in Urban Environment [J]. Building Simulation, 2024, 17 (10): 1659-1674.

[29] KANG J, SCHULTE-FORTKAMP B. Soundscape and the Built Environment[M]. Boca Raton: CRC Press, 2016.

[30] JIN Y, HYUN I. Effects of Audio-visual Interactions on Soundscape and Landscape Perception and Their Influence on Satisfaction with the Urban Environment[J]. Building and Environment, 2020, 169: 106544.

[31] LEE B K, MAYHEW E J, SANCHEZ-LENGELING B, et al. A Principal Odor Map Unifies Diverse Tasks in Olfactory Perception [J]. Science, 2023, 381

（6661）: 999-1006.

[32] DAHMANI L, PATEL R M, YANG Y, et al. An Intrinsic Association between Olfactory Identification and Spatial Memory in Humans [J]. Nature Communications, 2018, 9（1）: 4162.

[33] CACIOPPO J T, TASSINARY L G, BERNTSON G. Handbook of Psychophysiology [M]. Cambridge: Cambridge University Press, 2007.

[34] FELDMAN BARRETT L, RUSSELL J A. Independence and Bipolarity in the Structure of Current Affect [J]. Journal of Personality and Social Psychology, 1998, 74（4）: 967-984.

[35] SALIMPOOR V N, BENOVOY M, LARCHER K, et al. Anatomically Distinct Dopamine Release during Anticipation and Experience of Peak Emotion to Music [J]. Nature Neuroscience, 2011, 14（2）: 257-62.

[36] BOUCSEIN W. Electrodermal Activity [M]. Berlin: Springer Science & Business Media, 2012.

[37] BENEDEK M, KAERNBACH C. A Continuous Measure of Phasic Electrodermal Activity [J]. Journal of Neuroscience Methods, 2010, 190（1）: 80-91.

[38] YIN J, ZHU S, MACNAUGHTON P, et al. Physiological and Cognitive Performance of Exposure to Biophilic Indoor Environment [J]. Building and Environment, 2018, 132: 255-62.

[39] LUCK S J. An Introduction to the Event-related Potential Technique[M]. Cambridge: The MIT Press, 2005.

[40] SAZGAR M, YOUNG M G. Overview of EEG, Electrode Placement, and Montages [M]//SAZGAR M, YOUNG M G. Absolute Epilepsy and EEG Rotation Review: Essentials for Trainees. Cham, Germany: Springer International Publishing, 2019: 117-125.

[41] DJEBBARA Z, FICH L B, PETRINI L, et al. Sensorimotor Brain Dynamics Reflect Architectural Affordances [J]. Proceedings of the National Academy of Sciences, 2019, 116（29）: 14769-14778.

[42] MANSI S A, PIGLIAUTILE I, ARNESANO M, et al. A Novel Methodology for Human Thermal Comfort Decoding via Physiological Signals Measurement and Analysis [J]. Building and Environment, 2022, 222: 109385.

[43] PICARD R W, VYZAS E, HEALEY J. Toward Machine Emotional Intelligence: Analysis of Affective Physiological State [J]. IEEE Transactions on Pattern Analysis and Machine Intelligence, 2001, 23（10）: 1175-1191.

[44] MCCALL C, SINGER T. Facing Off with Unfair Others: Introducing Proxemic Imaging as an Implicit Measure of Approach and Avoidance during Social Interaction [J]. PLOS ONE, 2015, 10（2）: e0117532.

[45] BRUCKS M S, LEVAV J. Virtual Communication Curbs Creative Idea Generation [J]. Nature, 2022, 605（7908）: 108-112.

[46] SAJJAD M, ULLAH F U M, ULLAH M, et al. A Comprehensive Survey on Deep Facial Expression Recognition: Challenges, Applications, and Future

Guidelines [J]. Alexandria Engineering Journal, 2023, 68: 817-840.

[47] COWEN A S, KELTNER D, SCHROFF F, et al. Sixteen Facial Expressions Occur in Similar Contexts Worldwide [J]. Nature, 2021, 589 (7841): 251-257.

[48] SALAZAR M A, FAN Z, DUARTE F, et al. Desirable Streets: Using Deviations in Pedestrian Trajectories to Measure the Value of the Built Environment [J]. Computers, Environment and Urban Systems, 2021, 86: 101563.

[49] COUTROT A, MANLEY E, GOODROE S, et al. Entropy of City Street Networks Linked to Future Spatial Navigation Ability [J]. Nature, 2022, 604 (7904): 104-110.

[50] YE Y, WANG Y, ZHUANG Y, et al. Decomposition of an Odorant in Olfactory Perception and Neural Representation[J]. Nat Hum Behav, 2024(8): 1150-1162.

[51] ALBOUY P, et al. Distinct Sensitivity to Spectrotemporal Modulation Supports Brain Asymmetry for Speech and Melody[J]. Science, 2020, 367: 1043-1047.

[52] PALLADIO A. The Four Books on Architecture[M]. Cambridge: The Mit Press, 2002: 18-19.

[53] EVERS B, THOENES C. Architectural Theory: From the Renaissance to the Present: 89 Essays on 117 Treatises[M]. Cologne, Germany: Taschen, 2003: 296-298.

[54] 张利, 朱育帆, 谢祺旭, 等. 人因分析在北京冬奥会首钢滑雪大跳台"雪飞天"设计中的应用 [J]. 世界建筑, 2022 (6): 38-43.

[55] WARD THOMPSON C. Activity, Exercise and the Planning and Design of Outdoor Spaces[J]. Journal of Environmental Psychology, 2013, 34: 79-96.

[56] WESTENHÖFER J, NOURI E, RESCHKE M L, et al. Walkability and Urban Built Environments: A Systematic Review of Health Impact Assessments [J]. BMC Public Health, 2023, 23 (1): 518.

[57] 庄岳. 数典宁须述古则, 行时偶以志今游: 中国古代园林创作的解释学传统 [D]. 天津: 天津大学, 2006: 133.

[58] 计成. 园冶注释 [M]. 陈植, 校. 北京: 中国建筑工业出版社, 1988.

[59] 苏州园林设计院. 苏州园林 [M]. 北京: 中国建筑工业出版社, 1999.

[60] SAMUEL F. Le Corbusier and the Architectural Promenade[M]//Basle, Switzerland: Birkhäuser, 2010.

[61] BALABAN Ö. Understanding Urban Leisure Walking Behavior: Correlations between Neighborhood Features and Fitness Tracking Data[M]//AS I, BASU P, TALWAR P. Artificial Intelligence in Urban Planning and Design.Amsterdam, Netherlands: Elsevier, 2022: 245-261.

[62] FAN Z, LOO B P Y. Street Life and Pedestrian Activities in Smart Cities: Opportunities and Challenges for Computational Urban Science[J]. Computational Urban Science, 2021, 1 (1): 26.

[63] 夏明明. 以运动能耗为导向的无器械类休闲慢行空间设计研究 [D]. 北京：清华大学，2022.

[64] 日比野设计. KO 幼儿园，爱媛，日本 [J]. 世界建筑，2020（8）：82-87.

[65] RÉVÉSZ G. Psychology and Art of the Blind[M]. London：Longmans，Green，1950.

[66] MILLAR S. Processing Spatial information from Touch and Movement[C] // HELLER M, SOLEDAD B. Touch and Blindness. New Jersey：Lawrence Erlbaum Associates，2006：25-49.

[67] PALLASMAA J. An Architecture of the Seven Senses[J]. Architecture and Urbanism of Tokyo，1994：27-38.

[68] PANERO J，MARTIN Z. Human Dimension & Interior Space：A Source Book of Design Reference Standards[M]. Watson：Watson Guptill，1979.

[69] LEFEBVRE H. Toward an Architecture of Enjoyment[M]. Mineapolis，Saint Paul，USA：The University of Minnesota Press，2014.

[70] PATERSON M.The Senses of Touch[M].Oxford：Berg Publisher，2007.

[71] GAO S，YAN S，ZHAO H，et al.Touch-Based Human-Machine Interaction：Principles and Applications[M].Berlin：Springer，2021：1-240.

[72] SCHNEIDER O，MACLEAN K，SWINDELLS C，et al. Haptic Experience Design：What Hapticians do and Where They Need Help[J]. International Journal of Human-Computer Studies，2017（107）：5-21.

[73] LYNCH K. The Image of the City[M]. Cambridge：The MIT Press，1964.

[74] TOLMAN E C. Cognitive Maps in Rats and Men[J]. Psychological Review，1948，55（4）：189-208.

[75] 张愚，王建国. 再论"空间句法"[J]. 建筑师，2004（3）：33-44.

[76] TURNER A，DOXA M，O'SULLIVAN D，et al. From Isovists to Visibility Graphs：A Methodology for the Analysis of Architectural Space[J]. Environment and Planning B：Planning and Design，2001，28（1）：103-121.

[77] NEWELL A，SIMON H A. Human Problem Solving[M]. New York：Prentice-Hall，1972.

[78] ARTHUR P，PASSINI R. Wayfinding：People，Signs，and Arch-itecture[M]. New York：Mc Graw-Hill Book Co.，2002.

[79] YESILTEPE D，CONROY D R，OZBIL T A. Landmarks in Wayfinding：A Review of the Existing Literature[J]. Cognitive Processing，2021，22（3）：369-410.

[80] SUN C，LI S，LIN Y，et al. From Visual Behavior to Signage Design：A Wayfinding Experiment with Eye-tracking in Satellite Terminal of PVG Airport[C]. Singapore：Proceedings of the 2021 Digital FUTURES：The 3rd International Conference on Computational Design and Robotic Fxabrication（CDRF 2021），2022：252-262.

[81] MAGUIRE E A，GADIAN D G，JOHNSRUDE I S，et al. Navigation-related Structural Change in the Hippocampi of Taxi Drivers[J]. Proceedings of the

National Academy of Sciences, 2000, 97 (8): 4398-4403.

[82] BELLMUND J L S, GÄRDENFORS P, MOSER E I, et al. Navigating Cognition:Spatial Codes for Human Thinking[J]. Science, 2018, 362 (6415): eaat6766.

[83] SALVUCCI D D, GOLDBERG J H. Identifying Fixations and Saccades in Eye-tracking Protocols[C]//Proceedings of the 2000 Symposium on Eye tracking Research & Applications. New York: Association for Computing Machinery, 2000: 71-78.

[84] 徐建, 朱小雷, 王朔. 基于现场眼动实测及虚拟场景的地铁站路径选择实验: 以三个广州地铁站为例 [J]. 新建筑, 2019 (4): 26-32.

[85] VAN ZANTEN B T, et al. Continental-scale Quantification of Landscape Values Using Social Media Data[J]. PNAS, 2016, 113 (46): 12974-12979.

[86] SONG X P, et al. Using Social Media User Attributes to Understand Human-environment Interactions at Urban parks[J]. Scientific Reports, 2020, 10 (1): 808.

[87] KIRCHBERG V, et al. The Museum Experience: Mapping the Experience of Fine Art[J]. Curator: The Museum Journal, 2015, 58 (2): 169-193.

[88] LIU F, et al. What do We Visually Focus on in a World Heritage Site? A Case Study in the Historic Centre of Prague[J]. Humanities & Social Sciences Communications, 2022, 9 (1): 1-16.

[89] LIU F, et al. Visual Attention Predictive Model of Built Colonial Heritage based on Visual Behaviour and Subjective Evaluation[J]. Humanities & Social Sciences Communications, 2023, 10 (1): 1-17.

[90] XIANG L, PAPASTEFANOU G, NG E, et al. Isovist Indicators as a Means to Relieve Pedestrian Psycho-physiological Stress in Hong Kong[J].Enviroment and Planning B: Urban Analytics and City Science, 2021, 48 (4): 964-978.

[91] ZHENG J, et al. Neurons Detect Cognitive Boundaries to Structure Episodic Memories in Humans[J]. Nature Neuroscience, 2022, 25 (3): 358-368.

[92] BRUNEC I K, et al. Turns during Navigation Act as Boundaries that Enhance Spatial Memory and Expand Time Estimation[J]. Neuropsychologia, 2020, 140 (4): 107437.

[93] KIM J, et al. Measuring Emotions in Real Time: Implications for Tourism Experience Design[J]. Foundations of Tourism Research: A Special Series, 2015, 54 (4): 419-429.

[94] GEHL J. Life between Buildings: Using Public Space[M]. Washington: Island Press, 2011.

[95] GEHL J. Cities for People[M]. Washington: Island Press, 2013.

[96] WHYTE W H. The Social Life of Small Urban Spaces[M]. Washington: Conservation Foundation, 1980.

[97] MARUSIC B G. Analysis of Patterns of Spatial Occupancy in Urban Open Space Using Behaviour Maps and GIS[J]. Urban Design International, 2011,

16（1）：36-50.

[98] BROWN G，KYTTÄ M. Key Issues and Research Priorities for Public Participation GIS（PPGIS）：A Synthesis based on Empirical Research[J]. Applied Geography，2014，46：122-136.

[99] MOORE R C. An Experiment in Playground Design[D]. Cambridge：Massachusetts Institute of Technology，1967.

[100] JOARDAR S D. Emotional and Behavioral Responses of People to Urban Plazas：A Case Study of Downtown Vancouver[D]. Vancouver，Canada：University of British Columbia，1977.

[101] PANERO J，ZELNIK M. Human Dimension & Interior Space：A Source Book of Design Reference Standards[M]. New York：Whitney Library of Design，1979.

[102] MOORE C L，YAMAMOTO K. Beyond Words：Movement Observation and Analysis[M]. London：Routledge，2012.

[103] SCHWARTZ M. From Human Inspired Design to Human Based Design[M]// LEE J H.Morphological Analysis of Cultural DNA：Tools for Decoding Culture-embedded Forms. Singapore：Springer，2017：3-13.

[104] JOO H，SIMON T，LI X，et al. Panoptic Studio：A Massively Multiview System for Social Interaction Capture [C]. [S. l.]：Proceedings of the IEEE International Conference on Computer Vision，2015：3334-3342.

[105] 胡咏梅，武晓洛，胡志红，等. 关于中国人体表面积公式的研究 [J]. 生理学报，1999（1）：45-48.